如何成为一个
靠谱的人

华晓倩

著

U0723453

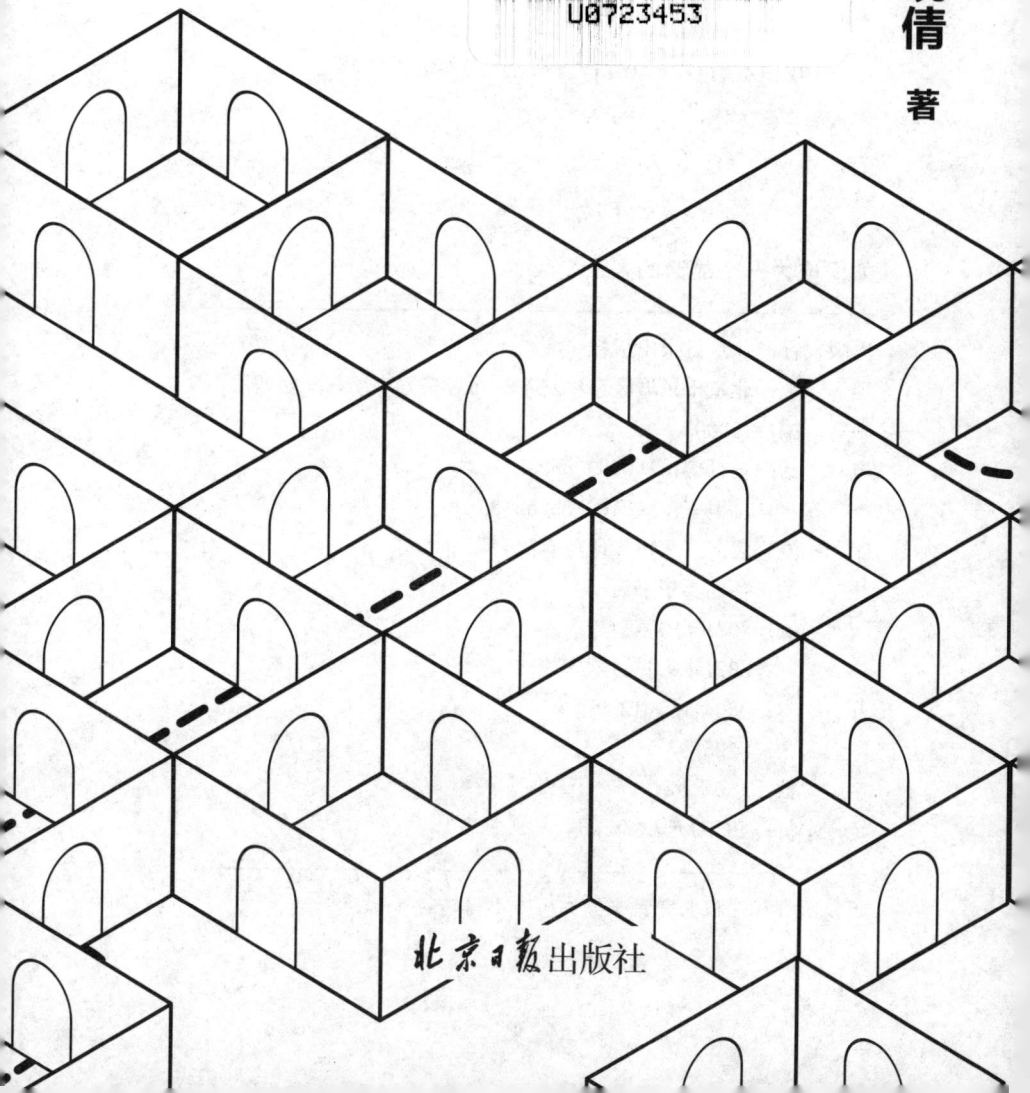

北京日报出版社

图书在版编目（CIP）数据

如何成为一个靠谱的人 / 华晓倩著. -- 北京：北
京日报出版社，2021.9
ISBN 978-7-5477-3758-3

Ⅰ. ①如… Ⅱ. ①华… Ⅲ. ①成功心理－通俗读物
Ⅳ. ①B848.4-49

中国版本图书馆CIP数据核字(2021)第096221号

如何成为一个靠谱的人

出版发行：北京日报出版社

地　　址：北京市东城区东单三条8-16号东方广场东配楼四层

邮　　编：100005

电　　话：发行部：（010）65255876

　　　　　总编室：（010）65252135

印　　刷：运河（唐山）印务有限公司

经　　销：各地新华书店

版　　次：2021年9月第1版

　　　　　2021年9月第1次印刷

开　　本：880毫米×1230毫米　　　1/32

印　　张：8.25

字　　数：180千字

定　　价：48.00元

推荐序

请问要怎样才能看起来很不一般

　　知乎上有个热点问题，如何让平淡无奇的自己看起来很不一般。

　　一个高赞的回答只有两个字：靠谱。

　　如果这个答案我早些年看到，并不会特别认同。年轻时，谁不希望自己独立又特别？后来我才发现，成为一个靠谱的人才是最有魅力的啊。靠谱意味着值得信赖，值得期待，值得投入。想要成为一个靠谱的人，也没那么容易，我们要做到真诚、守时、专业、敬业，还要行动力强、情绪稳定，等等。靠谱，其实是一个人综合能力的体现。

当然，如果你要问我，靠谱的核心是什么，我想，所有的特质都指向两点——利他，让他人信赖。

2020年对很多人来说都是辛苦的一年，对我也一样。但值得庆幸的是，这一年我的收获也特别多。这一年，我采访了很多优秀的作家、企业家、学者。

为了采访第一个人物——一位实力派演员，我查了关于这个演员的很多资料，才写好了采访提纲。据说要采访她的媒体特别多，我怀着忐忑不安的心情，上交了提纲。未曾想到，我的提纲通过了。我顺利地采访了她，并且，整个交谈过程都很顺畅。当然，这也得益于她的温柔、随和。她的助理提前告诉我，下午四点要结束，还有下一家媒体要采访。到了四点，我准时收了场。走的时候，她的助理送给我一盒玫瑰花饼，说："谢谢你能准时结束，也没有强行问我们要求不能问的问题。"

助理觉得我很靠谱，并表示，以后有采访或线下活动，我们还可以继续合作。这句话让我特别激动，走出门后，我兴奋地蹦了起来。

往后的每一次采访，我都会用心地搜寻资料，并把采访提纲中的问题尽最大能力写到最好。我逐渐发现，资料的掌握只是一部分，我们还要去理解被采访者，理解他所认知的世界。虽然现在大家都好像更愿意看那种特别刁钻的采访，但我相信，如果令被采访的人不舒服，所谓的交流也就没了温度，少了几许温情。

陆陆续续，我们采访了很多人，不管面对多么挑剔的被采访者，我们都交谈甚欢。每次采访，我收获颇丰。现在，我觉得自己好像充满了勇气、自信和底气。这个感觉，源于我和我的团队会在采访前把每个细节都做到最好。一路走到现在，不时会有出版社或明星团队主动地来约我们去做采访。这个结果，真的让我和我的团队倍感欣喜。

后来听《南方周末》的课程，听到那节"怎样才能让被采访者愿意和我交流呢"。那个老师回答得特别好："首先你所有问题的出发点是为对方着想，还有你本身对生活朴素的热爱，以及细节的准备是否充分。"

为人靠谱，让人信赖，别人自然愿意与你交流。

安安静静地努力做自己，利人就是利己。不抢风头，也能迎来风。

年轻时，我的心太野了，总想成为不一样的人。想改变世界，想成为不一样的烟火。直到今年，我才逐渐明白，靠谱会为你带来不一般的风景和人生啊！

如何成为一个靠谱的人呢？我相信，当你读完这本书里的故事和建议后，就会明白了。

百万畅销书作者、慈怀读书会内容总监

目　录

第七章　防患未然，如何抵御不靠谱带来的风险

第一章

人生海海，做一个靠谱的人

世界上，聪明的人很多，靠谱的人很少

现在年轻人出门旅游，很多时候倾向于住民宿，但是如何在千千万万家民宿中找到一家靠谱的呢？

综艺节目《亲爱的客栈》中有一期，介绍了一位靠谱的民宿老板，他在节目中说："民宿跟五星级酒店无法比，但民宿有自己的特色，比如，正规但不正式。客人到来后，要第一时间跟客人介绍房间，细致到吹风机放在哪里。如果客人白天出去玩，除了打扫卫生外，客房人员还要在客人回来前，把被子上方的被角折下来，好方便客人晚上入睡。"

看到这个节目的很多网友都说这位老板真靠谱。当靠谱成为一个人的标签时，这个人就成为一个有溢价能力的人，也就离成功不远了。

回报率　＝　能力因素　＋　靠谱标签

在这个信息化时代，最不缺的就是聪明人，但靠谱的人并不是很多。

那么，什么是靠谱呢？

股神巴菲特每年都会开座谈会与大学生进行交流。一次，有学生问他："您认为一个人最重要的品质是什么？"

巴菲特并没有直接回答这个问题，而是选择和大家玩一个小游戏："现在给你们一个买进你某个同学 10% 股份的权利，直到他的生命结束。你愿意买进哪个同学余生的 10%？你会选那个最聪明的吗？"

大多数人的回答是"不一定"。

"那你会选那个精力最充沛的吗？"

"不一定。"

"你会选那个'官二代'或者'富二代'吗？"

"也不一定。"

事实证明，经过认真思考之后，你可能会选择那个能实现他人利益的人，那个诚实慷慨、可以分享的人。

不管你选择的人具备什么优秀品质，如果你选择了他，请把这些好品质写在纸的左边，那这个人就是你眼中靠谱的人。

巴菲特又问："现在再给你一个机会，让你卖出某个同学的 10%，你会选择谁？你会选那个成绩最差的人吗？"

"不一定。"

"你会选那个'穷二代'吗？"

"也不一定。"

事实上，经过认真思考之后，你可能会选择那个最令大家讨厌的人。你可以在纸上罗列出他的缺点。不管你是因为什么原因讨厌他，请把这些不好的品质写在纸的右边，那这个人就是你认为不靠谱的人。

当你仔细观察这张纸的左右两边后，你会发现能力、美

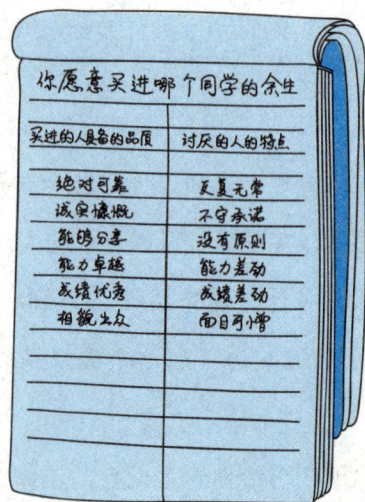

你愿意买进哪个同学的余生

买进的人具备的品质	讨厌的人的特点
绝对可靠	反复无常
诚实懂诺	不守承诺
能够分享	没有原则
能力卓越	能力差劲
成绩优秀	成绩差劲
相貌出众	面目可憎

貌与成绩都可以排在后面。你最在乎的是，他能不能靠得住。

诚然，一个人的靠谱，其实就是这个人身上最可贵的品质，也是其生活在这个世界上的人生态度。只有具备了靠谱的品质，才能时刻获得别人的认可和尊重。

俗话说："行要好伴，居要好邻。"一个人的品质折射出他的人生高度。一个靠谱的人就是最有力的品牌。

可口可乐的老板曾经说过，如果某天早上醒来，可口可乐公司被一场大火烧干净了，仅凭"可口可乐"这四个字，他也能东山再起。这就是品牌的力量。如果你想在大浪淘沙的环境中取胜，就应该从现在开始建立自己的品牌，成为一个靠谱的人。

靠谱的人让人感到放心

著名企业家李嘉诚曾说:"做事要找靠谱的人,聪明的人只能聊聊天。"

所谓靠谱,归根结底就是为人、做事都可以让人放心。

2019 年 10 月 27 日晚 9 点,辽源市 1 路公交车驾驶员林春儒正和往常一样,执行着当日的最后一趟驾驶任务。

然而,在发车 20 多分钟后,林春儒的后脑突然一阵剧痛,他的身体不由得痛苦地抽搐起来。就在这危急时刻,林春儒咬牙强忍着剧痛,用尽全身最后一点力气,减速、停车、拉手刹……成功将车停了下来。之后,林春儒整个人倒在了地上,抽搐成一团。因为林春儒在危急时刻及时停车,车内 20 多名乘客的安全都得到了保障。

在公交车驾驶员这个位置上,林春儒已经做了四五年了,他具备一名公交车驾驶员的专业素养和品质。当身体痊愈的林春儒再次回想起当时那惊险的一幕时，他说："万幸的是，那一车乘客都安然无恙。"

"后脑疼的那一下，我就觉得不对劲，害怕发生意外，于是我赶忙将车停了下来，并且拉上了手刹。那之后，我就彻底地抽搐起来，身体不由自己控制了。

"其实我们单位每年都会组织体检，而且那天发车前，我并没有觉得不舒服，可就在发车后不久，我就突然发病了。"林春儒说，"当时其实也没想太多，唯一的念头就是赶快把车停下来，或许这就是人们说的本能反应吧！不过这也是我身为一名公交车驾驶员应当做的事情，因为保护车上每一名乘客的生命安全，是我们的职责。"

在这次小插曲之后，林春儒依然兢兢业业地履行着作为一名公交车驾驶员的职责。每次提起他，周边的同事们总是会竖起大拇指，"林哥这个人很有责任心，虽然他平时不善言语，但对待开车这件事格外热忱，即使让自己受伤，他也不会让车上的乘客受伤。"

没错，虽然林春儒只是一名平凡的公交车司机，他的事迹也并没有多么惊天动地。但是，正是他靠谱、有担当的品质，让他在平凡的岗位上做出了不平凡的事情。

人生路上处处是险滩。人们喜欢那些靠谱的人，因为觉得将事情交给对方办完全放心，这种靠谱便是高信用值的体现。

北京卫视《中国故事大会》节目中，曾讲过这样一个故事：

身为潜水员的老楚在某次执行海底工作时，不小心被海底的渔网给缠住了。当时海底的海水温度近乎零度，如果不及时营救，老楚的生命就会受到威胁。

就在这危急关头，老楚的好朋友毫不犹豫地跳了下去，准备营救自己的朋友。然而，不幸的是，老楚的朋友也被渔网缠住了。

看到朋友因为自己而身陷险境，老楚赶忙示意他先想办法自救，不要管自己。然而，朋友不愿就此退缩，继续努力地营救老楚。

最终，老楚得救了，他身上的渔网被朋友解开了。但这时，他的好友已几近休克。岸上的人都在大声呼喊老楚，让他先上来，可老楚并没有这么做。获救后，他游回朋友身边，用自己仅存的一点力气，帮朋友挣脱了渔网。之后，老楚便昏过去了……

幸运的是，老楚和他的朋友最终都被营救上来了。苏醒后，他们拥抱在一起，痛哭流涕地大声喊道："我的兄弟，你是我真正的好兄弟！"

靠谱的人会在朋友遇到难题和困难时，主动地伸出援助之手，帮他分担，与之共渡难关。

正因如此，与靠谱的人相处，会不由地松口气，不用那么紧张和焦虑，也不用担心自己会受到伤害。你会获得一种踏实感，会觉得身边这个人真的靠得住。

靠谱的人会给他人一种可信赖感，会让他人不由得想要去靠近他，并被他身上散发出的沉稳、踏实所吸引。

没有谁的人生是一帆风顺的。在遭遇困难之时，如果能够有一个靠谱的人出现，或许我们就会感受到无穷的力量，然后更加坚强地走下去。这就是靠谱的人最可贵的地方，他

们身上有一种担当感。这是一种责任，也是一种勇气，具备这样品德的人，无论人生遇到多大的风浪，都会迎难而上、一笑而过。

俗话说，被人信任是一种幸福，靠谱是一种美德。人和人之间的吸引力，并不仅仅局限于外在的容貌、财富、身份和地位。相反，一个人内在的温暖和踏实，才是他吸引别人的主要因素。只有真正靠谱的人，才有能力具备这样的温暖和踏实，才能吸引身边的人向他靠拢。

靠谱的人懂得换位思考

一个人的教养中，必须有着为他人着想的善良，知道别人的不易，懂得换位思考。真正有修养的人，懂得尊重别人的不一样，从不对别人的生活指手画脚。就像卡耐基在《人性的弱点》中写的："只为自己着想的人是无药可救的，他们是没有教养的人，无论他受过什么样的教育。"

有些人给人的感觉是，与他们相处很累，因为他们只考虑自己，把自己的一切看得都无比重要，只付出一点点，就考虑大大的回报。

王朵之所以和前男友分道扬镳，就是因为对方太过斤斤计较。两个人交往期间，每次约会都是一方先付款，然后两个人再平摊。一开始，王朵也有些委屈，觉得这不像正常男女朋友的交往模式。但是她觉得，两个人已经交往了这么久，因为这样的事情分手好像又有点可惜，所以只能默默地安慰自己：这样的男人勤俭持家，以后一定能为家里攒不少钱。

有一次，王朵得了重感冒，浑身无力，只好打电话让男友来送自己去医院。男友接到她的电话，很快就赶了过来，让她心里一暖。到了医院，男友也是忙前忙后，让王朵心里暖暖的。没想到，男友接下来的一句话，却让她如坠冰窟："刚才看病一共花了 300 块钱，回头记得转给我。"

王朵听到这话，顿时火冒三丈，生气地说："我给你买的内衣袜子，跟你要钱了吗？我给你洗衣服做饭，跟你要钱了吗？现在我正生病难受，你就开始跟我算钱？"

就在这一瞬间，王朵彻底死心了。她拉黑了男友的所有联系方式，决定此生再也不见。

有的人的穷并不是物质上的，而是精神上的。他们眼中唯一能看到的，就是鸡毛蒜皮的利益。

如果，生活中总有人喜欢恶意揣度你，给你带来无尽的痛苦。对于这样的人，可以在心里建立一个黑名单，把他们拉进去，让他们再也没有机会来浪费你的时间和精力。

只为自己活

自私

| 利益至上 | 同理心缺失 | 道德绑架 | 缺乏安全感 | 被害妄想症 |

其实，那些只为自己考虑的人，本质上都是自私的人。

严格来说，自私是每个人都有的一种性格特点，因为人生来就是以自我为中心的存在。但是，一般的自私，利己心比较重，通常不会影响到别人。而极度的自私，就是一种常人无法理解的人性缺点，会给别人造成极大的影响和伤害。

极度自私的人，往往都是只为自己考虑的人。他们的世界里从来没有换位思考，这样的人一般有以下几个比较明显的特点：

第一，利益至上。在这些人的世界中，最重要的就是"利益"两个字，其他的一切都靠边站。为了利益，他们不惜一切代价，甚至宁愿牺牲别人的利益。如果你影响到他的利益，很有可能被他伤害。

第二，缺乏同理心。这些人不管做什么事情，出发点都是自己，根本不会考虑别人的感受，也不会有同理心，就像一台冷酷无情的机器。

第三，道德绑架。有些人非常自私，不管别人如何，只要别损害自己的利益就可以。为了利益，他们甚至会使用道德绑架的手段来逼迫别人。当然，这些人通常说别人的时候天花乱坠，轮到自己做的时候就不见人影了。

第四，被害妄想症。自私的人往往没有安全感，通常会为了自己的利益做出一些危害他人利益的事情。他们内心虽然知道这样做不好，但更害怕被别人也用同样的方式对待自己，所以就会产生被迫害妄想症。

一个人的极度自私，是需要慢慢发现的，因为这些都是比较隐秘的性格特征。在他们与常人一样，甚至比常人更优秀的外表下，藏着自私的因子，当你发现身边有这样的人而如果你没有绝对的抵抗能力，还是不要轻易与这类人做朋友。

放下身份，人生之路越走越宽

所谓面子，可以理解为个体对自己身份的一种自我认同，但这种"自我认同"也是一种"自我限制"，而自我认同越强的人，自我限制越厉害。

放不下身份	放下身份
过高的自我认同	准确的自我认知
自我限制	自我发展

很多时候，如果放不下身份，就会让自己的路越走越窄，丢失很多发展的可能和机会。

有位名牌大学的学生毕业之后，经济形势不太好，面试了好几家公司都没有成功。他想，与其这样浪费时间，不如想想别的办法。于是他来到附近的一个夜市，承包了一个摊位，卖起了蚵仔面。一开始，大家都用异样的目光看着他，毕竟他是个大学生，居然做起了街头小贩，实在让人难以理解。不过，他并不把这些放在心上，每天只是研究菜谱，改进口味，很快就把生意做得十分红火。

在通过蚵仔面赚到第一桶金后，他还从事了其他的投资，赚的钱比普通上班族多得多。

放下身段，路就会越走越宽。对于这个大学生来说，他敢于放下身份，从头开始，就算是他做别的行业，也一定可以成功。

正所谓"海纳百川，有容乃大"，当一个人能够懂得放下身份的时候，才是他真正强大的时候。

我国著名作家沈从文，算得上是一个真正有大学问的人，虽然他并没怎么上过学。

离开家乡后，沈从文选择在北大做旁听生，他不断激励自己多读书，并努力和比自己优秀的人成为朋友，向他们学习，让自己不断成长和进步。

就这样，这个来自湘西的农村孩子，通过自己的努力，最终成为震惊文坛的散文大家。

1928 年，时任中国公学校长的胡适，向已经在文坛上颇具成就的沈从文发出了邀请，想要聘请他来担任学校的文学讲师。而这一年，沈从文刚满 26 岁，他的学历，也只是小学毕业而已。

当沈从文第一次走上讲台时，讲台下早已坐满了慕名而来的学生。看到教室里里外外挤满了人，沈从文愣住了，这一愣就是 10 分钟之久。

之后，沈从文开始上课。他准备了一个课时的教学内容，但由于紧张，不到 10 分钟的时间，沈从文就把准备的内容全讲完了。此时距离下课还有很长一段时间，这可如何是好呢？

由于沈从文是个非常务实的人，因此他并没有选择在讲台上通过闲扯来填补时间。相反，沈从文拿起粉笔在黑板上写下了这样一行字：

"今天是我第一次上课，人很多，我害怕了！"

看到这行字，原本安静的教室里爆发出一阵充满善意的笑声，同学们都被沈从文这淳朴而又可爱的告白逗乐了。

后来，胡适知道了这件事，大为赞赏，觉得沈从文能在

第一次讲课中向学生们坦诚自己的"害怕"，是一种"成功"的举动。

在那之后，沈从文曾先后在西南联大和北大任教。由于他并非科班出身，也不拘泥于死板的教学方式，所以他的课总是很受欢迎，特别是他独具个人风格的言传身教的文学教育大受好评。当然，沈从文永远记得自己第一次上课的经历，而这也是人们在谈论他真诚品性时最爱提及的事情。

那句"我害怕了"，将一代文学巨匠初登讲台时的内心真实地袒露出来。能够做到如此，需要多大的勇气啊！但沈从文做到了，他放下了自己文学大家的面子、身份和地位，以一个新人的姿态去面对学生们的期待。

能够做到如此，即使失败，也会获得谅解。

但是，有一部分人把面子看得过重。就像文学大师莎士比亚曾说过的："老老实实最能打动人心。"面子这东西，其实就是虚的，它既不能给人带来什么实质性的利益，也不会让人获得多少成长。相反，面子时常会成为一个人前进路上的绊脚石。唯有那些能够放下面子、放下身份的人，才能掌握人生前进的方向，自己的路自己导航。

总的来看，那些能放下身份的人通常有以下三个优势：

第一，能够放下自己身份的人通常思维灵活，善于学习和总结信息，积累起庞大的知识库，作为自己日后的资本。

第二，能够放下自己身份的人通常更善于把握机会，在机会来临时，不会因为顾虑身份而犹豫不决。

第三，能够放下自己身份的人通常更容易成功，因为他们善于和过去告别，让自己从头开始，让自己的路越走越宽。

就像托尔斯泰说的："真正身份高贵的人，谈吐总是平易近人的，这种单纯既掩饰了他们对某些事物的无知，也表现了他们良好的风度和宽容。"如果你想在社会上真正地走出一条路，活出从容快乐的人生，那么，你就要放下自己的架子。也就是说，放下你的学历、家庭背景、身份，从实际出发，这才是你成功的基础。

靠谱是一种认真的态度

人人都想成为靠谱的人，也想和靠谱的人共事。可见，靠谱这种品质已经在无形中成为新一轮强者竞争的筹码。

为什么这么说呢？

以下面这个故事为例来说吧！

S 公司要求每个部门每个月开例会，而在每个部门的月度例会上，除了要进行本月的工作总结和下一个月的工作计划外，还有一个学习分享的环节，就是每次例会由一名选定的同事分享自己最近收获的一些与工作和专业有关的新知识，也可以分享自己新近掌握的市场动态和趋势。

当然，这个任务都是提前一周安排的，被选定的同事通常会有一周的时间来准备例会上的分享内容。

然而，就在最近的一次例会上，同事 A 突然放了大家鸽子。怎么回事呢？原来，在例会的前一天晚上 10 点多，本来要在第二天进行分享的同事 A 突然给上司打电话，说自己明天有事，不能去参加例会了。

上司问她有没有准备好分享稿，这样即使 A 本人不在，也可由别的同事来代替她分享。

同事 A 的回答很干脆：没有！

对此，同事 A 给出了很多理由，比如，家里有很多事情要忙，要给孩子辅导作业，要照顾老人……总之，同事 A 觉得，自己因为这些事情没能顾上工作，是合情合理的，是可以被谅解的。

虽然上司对此很生气，但比起生气，眼下最重要的是找

到一个人来代替同事 A，这样第二天的例会才不会出岔子。

很快，这项任务就交给了同事 S。一开始，上司担心 S 会以时间不足为由推辞，但没想到，S 非常爽快地接下了这个工作，并承诺一定在例会开始前准备好分享稿。

就这样，第二天的例会如期举行了。当上司忐忑地等待 S 的分享时，S 用事实给上司吃了一颗定心丸。S 做得分享内容非常出色，不仅观点明确、逻辑清楚，而且内容非常新颖，着实给大家上了一课，让大家学到了不少新知识。

因为这件事，同事 S 获得了上司和其他同事的赏识，工作上了一个新台阶。至于同事 A，因为不靠谱，她给自己的职业生涯抹上了一个污点。

这个故事里，同事 S 身上最亮眼的一个地方，便是"靠谱"。

事后，上司回想起当初面试 S 时，虽然她的工作经验不是很丰富，但侧面了解后，他发现 S 是个非常有责任心的人，但凡交代给她的工作，她都会全力以赴去完成。这一点，在这次例会分享中得到了很好的证实。

靠谱是一种态度，不靠谱也是一种态度。如果说前者是一种核心竞争力，那么后者往往是灾难的起源。

央视新闻曾报道过这样一则新闻。

2019 年 9 月，宁波一家日用品加工厂区内，一名男子在工作时，将一桶加热后的化学原料倒入塑料桶中，瞬间，那个塑料桶就燃烧起来。

看到起火了，这个男子并没有去拿离他不远的灭火器，反而采取了一连串的错误操作——用嘴去吹、用盖子去盖、用纸板扑火、用另一个塑料桶灭火……最终，由于这名男子的错误操作，导致一个火点变成了多个火点，并且火越烧越旺，最后变成了一场巨大的灾难——加工厂区内的 19 名员工因此丧生。

事实上，当时离这名男子几米远的地方，就摆放着三个灭火器，倘若他能拿起它们，那场火灾就不会发生。然而，他并没有这么做。

除了这名男子，在这场火灾中，还有一名男子的表现令人惊讶。

就在前一名男子用错误的方法灭火时，车间里另一名男子看到了，如果是正常人，肯定会在第一时间打火警电话求救，并冲过去帮忙。但这名男子在旁边足足观望了 20 多秒，然后便转身去忙自己的事情了。

这是什么惊掉人下巴的奇葩操作?!

这场原本可以避免的火灾，最终吞噬了整个车间，造成了 19 死 3 伤的惨重后果。

那两个男子，一个操作失误，另一个冷眼旁观，他们的行为令人惊愕。如果细究起来，这两个人的共同点，就是不靠谱。

事实上，现实生活中，忽视小事、做事不靠谱的现象无处不在。许多人在工作中应付了事、虎头蛇尾、马虎轻率、推卸责任，最终造成了不可估量的损失。

一个人是否靠谱，不仅影响到个人的成长和成功，也会影响到其他人甚至一个企业的好坏。

唯有努力去做一个靠谱的人，勇敢地承担起自己的责任，不推诿、不扯皮，投入热情，认真做事，才能成为一个受欢迎的人，才能使自己的价值得到最充分的展现。

第二章

七大特点，助你成为真正靠谱的人

共情：充分理解对方的期望值

生活中，每个人都希望别人对自己做到感同身受，更好地理解自己。

那么，什么是共情呢？

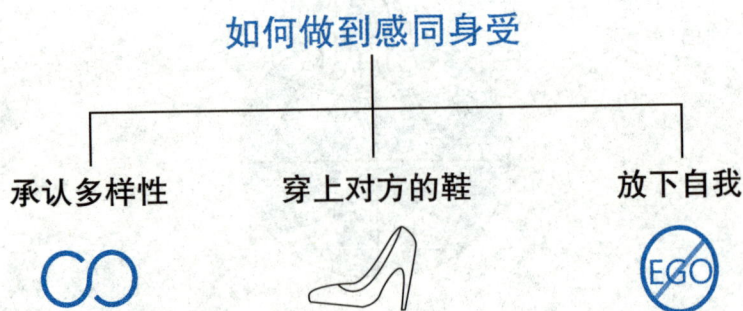

如何做到感同身受

| 承认多样性 | 穿上对方的鞋 | 放下自我 |

作为一种心理学概念，共情在心理咨询中占有非常重要的位置。这种共情是指治疗者能时刻根据他人情绪的变化调

整自己的体验，当然，这种共情不是泛泛而谈、毫无针对性的，是一种特殊的，是能够理解对方，并和对方分担精神世界中各种负荷的能力。

在心理学家伊根看来，共情分两种：一种是初级的，另一种是高级的，其中，后一种对于治疗者的要求更高。

比如，如果一个朋友失恋了，来找你哭诉，也许你会有如下反应：

第一，"分手是很正常的，我当初分手的时候……"——完全没有共情。

第二，"你这种感受我是完全能理解的。"——初级共情。

第三，"我能理解你的感受，换成是我，我也会难过。你为他付出了很多，又那么喜欢他，现在一定觉得受了很大的伤害吧？"——高级共情。

显而易见，第一种反应根本没有顾及对方的感受，只将情感集中在自己身上，甚至可以说是完全以自己为中心；而另一种反应略微顾及到了对方的情绪，不过还是以自己为参照系统；第三种反应就属于高级共情，能站在对方的立场上考虑，能使对方的心情好转。

不过，共情说起来容易，做起来很难，尤其是在一边聆听对方的倾诉，一边进行分析的情况下，在这样短的时间内做到共情，实在是很有难度。不过，共情又是十分重要的，因为如果你做不到，对方会觉得你们并不是站在同一个立场，你也根本不关心他。

比如当你遭遇了分手或者背叛，痛不欲生时，向别人倾诉，别人却对你说："你只是想得太多。"此时，你心里会是什么感受呢？也许你内心仅剩的那点希望都会破灭了。你知道，他们也是出自好心才这么说，可是听了这番话，你会更加孤独。

那么，我们该如何学会共情呢？

简单来说，想要做到共情，就要具备以下三方面的能力：

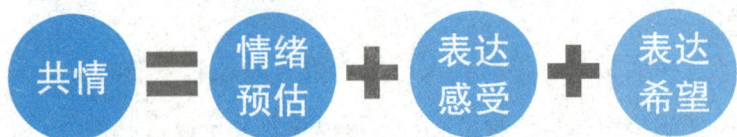

共情 = 情绪预估 + 表达感受 + 表达希望

首先，要具备快速预估情绪的能力，能够通过短短的几句话，判断出对方的心情如何。通常来说，如果不是刻意隐瞒，每个人的情绪基调都是能表现出来的。

预估好对方的情绪后，你就知道该如何说话了。你要把自己摆在和对方同样的高度，按照对方的情绪来说话。如果别人正在悲伤，而你没心没肺地笑个不停，只能成为聊天终结者。

其次，要学会表达自己的感受。在了解对方的情绪后，要及时用语言把自己的感受表达出来，不要无动于衷，让对方以为你根本不关心他。

总结起来，表达感受时可以用以下公式来进行：

表达感受 ＝ 经历过相似的事情 ＋ 对方感受 ＋ 自己的想法

这样说，就会让对方感觉你能够理解他，你能够感同身受。

最后，要学会表达希望。这里的希望自然是指美好的希望，使对方感受到你给予他的力量，这样你的共情就会更进一步了。

简单来说，表达希望时可以用以下公式来进行：

$$表达希望 = 希望 + 自己的祝福$$

除了以上三点，做到共情最重要的是要用心，让对方能够感受到你的真诚可信，以及无条件的支持、关注、尊重和温暖，要对对方的情绪和表达给予肯定的理解和积极的答复，而不应给出模棱两可的、空泛的回答，比如"一切都会好起来的，别想太多"这样的空话、套话。只有用心去听、去想，才有可能达到共情的较高水平。

学习：有主见地汲取信息与意见

在现实生活中，很多人都有过这样的经历：看完一本书，却不记得讲的是什么故事；理财公众号收藏十几个，理财能力还是不行；培训资料有几百个 G，却无法建立自己的学习体系；书籍装满房间，考试成绩还是不理想。

这些都是典型的低质量学习症状。不能掌握学习的原理以及方法，就是陷入穷忙的陷阱；缺乏有效的指导与实践，就是在浪费自己的时间。

在如今这个社会大发展、信息大爆炸的移动互联网时代，学习的能力成为人们参与竞争的必备技能之一。从大量的碎片化信息中获得有用的知识，并迅速构建起有效的知识体系，成为每个人都无法绕开的成长之路。

一般来说，学习主要有两种模式：

输入	学习	内化	输出
理解	应用	识别	输出

很多人虽然很努力学习，成效却不明显，究其原因，还是没有找到学习的好方法。

那么，怎样才能做到有效学习呢？

其实，有效的学习是离不开刻意练习的，这是达到行业顶尖水平的必要条件。如果你长时间在一个领域进行了刻意练习，你最终取得的成果将是非常巨大的。

想要做好刻意练习，我们可以从以下四个方面入手。

首先，我们要勇敢地离开舒适区。

你现在正在做的事情，是否离开了你的舒适区呢？是否需要你付出额外的努力去学习，才能做得更好？

在面临任务的时候，人的心里有三个区域：

面临任务，心里的三个区域		
舒适区 能力范围 内的事情	学习区 稍微高出能力 范围的事情	恐慌区 超出现有能力 范围内的事情

刻意练习就是尽量让自己停留在学习区，找出比自己现有水平难度高的工作，或者使用自己还无法熟练应用的技巧。这些任务并不是轻易就能做到的，因此做起来可能不太舒服，但是想要提高个人的水平，这又是必须要做的。所以，上坡路总是比下坡路艰难，从现在开始，离开舒适区，进入学习区。

比如，你对文案有一定的兴趣，经常在空闲时间看一些文案，觉得这非常有趣，但是这就是专业的文案练习吗？并不是。

其次，我们要避免自动化完成。

大部分人在工作的时候，对自己的要求就是让客户满意就行，根本没有超越自我，追求更好的想法。这样，就算我们工作的年限越来越多，实际水平也不会有多大提高，只是比过去熟练了而已，因此，不管再工作多少年，我们都不可能成为行业顶级专家。

比如，刚开始学车的时候，我们会刻意去记忆该怎么换挡和刹车。在需要紧急刹车时，我们的脑海中自然就会浮现出刹车的要领，并付诸实践。

但是，随着练习的时间越来越长，我们操作起来也越来越熟练，直到达到了一遇到紧急情况就立刻刹车的程度。可以说，这个动作是自发完成的，我们甚至都意识不到。一旦进入这种自动完成的状态，我们就几乎不会再去改进驾驶技术了。

而那些想要成为一流车手的人，是不会允许自己进入这种自动完成的状态的。在拐弯的时候，他会问自己：我刚才用到了哪些技巧？表现如何？还有哪些地方需要提升？

很多普通人在工作熟练后，会进入自动完成状态，不会再有大的提升。而那些想要成为专家的人，是绝对不许自己进入这个状态的。他们关注的，是如何让自己有更大的提升。在完成一件工作的时候，他们会问自己：我上次是怎么做的？还有哪些地方需要改进？在后面的工作中，他们就会刻意去训练自己的沟通技巧，好让自己获得提升。就在这样不断完善和提升的过程中，他们就成了专家。

再次，要适当牺牲短期的利益。

比如，你本来用笔写字，一分钟可以写 20 多个。如果切换到键盘打字，由于不太熟练，可能一分钟只能打十几个甚至几个。这样的话，你每分钟写的字就会变少。但是，如果你坚持练习，也许一分钟就能打到上百个。

同样，如果你只看重短期业绩，就不会去刻意练习，自然不会有很大的提升。如果你可以暂时放弃追求速度，只注重掌握技能，也许用不了多久你就能成为专家。

最后，要懂得持续获得反馈。

如果你得不到反馈，只顾闷头向前，那你永远也无法知道自己做得如何，离目标还有多远的距离。就像你在做数学练习，如果你只顾往前做，却不核对答案，不知道对错，那你做了其实和没做并没有太大的区别。因此，你在刻意练习时，一定要加入持续的反馈。

如今，每个人都忙着工作和生活，很难拿出大块的时间来进行学习，于是，大家的学习都非常碎片化。如果你刻意利用好碎片化学习，也就能比别人学到更多的东西。

根据行动学习理论，人要掌握一门技能，需要花 10% 的时间去学习知识和接收信息，70% 的时间去练习和执行，还有 20% 的时间与人沟通和讨论，这就是 721 法则。在信息的接收与学习方面，碎片化学习功效显著；而对于 70% 的练习与 20% 的沟通，则需要我们留出大量的时间来进行系统学习、专业训练。因为，碎片化学习永远只是系统化学习的辅助，要想真正获得成长和进步，就必须留出足够多的时间来学习。

专注：集中精力做好一件事

时间对每个人都是公平的，每个人每天都有 24 小时，但为什么有的人的时间能产生让人生发光的效果，而有的人的时间则匆匆而过、不留一丝痕迹呢？

当今社会，碎片化的信息充斥着我们的生活，几十秒看完的短视频、两三分钟看完的新闻、五分钟能读完的文章……各式各样的消息、资讯吸引了我们的注意力，而我们的时间也在这些碎片化的信息中被消磨了。

现在又有多少人，能集中精力长时间地投入一件事之中呢？

很多人觉得自己忙得像一个高速运转的陀螺，根本闲不下来。但实际上，"很忙"只是一种心理错觉，你并没有比别人少玩，也并没有比别人少"摸鱼"，只是你的大脑没有记住，等到截止时间到了，你却没有完成任务，需要加班加点时，你会感到焦虑，觉得自己一直在忙。但实际上，每个人拥有的时间是一样的，区别只在工作效率。

为什么有些人的效率很低？很重要的一个原因就是他们专注力不足，无法做到在一个时间里只做一件事。

我们首先要明白，专注力的敌人是分心。那分心又是如何产生的呢？

一方面，就如同《道德经》中所说的："五色令人目盲，五音令人耳聋。"世间的万事万物都可能吸引我们，我们要想专心，就要对抗这些事物。另一方面，我们做的所有事情都有内在需求，比如想要跟人聊天，想要看电视、上网打发时间。在孤独的时候，我们会觉得不安，并下意识要逃离这种状态。

比如你今天要写一份策划书，很多人可能是这么做的：到了公司之后，先打开电脑，把QQ、微信全登录上去，再开始看资料。刚看一会儿，有新消息来了，先回复一下，趁机刷刷微博，再看会资料。资料还没看完，电话响了，是老板打来的，给你安排了另外一件任务。你手忙脚乱地做完，又从头开始看资料，因为刚才看过的已经忘了个一干二净。刚看了不久，到了午饭时间，匆忙吃完午饭，小憩一下，下午又从QQ和微信开始。一直到下午下班，资料都还没看完，策划书更是还没开始写。等到晚上复盘这一天，很多人都会觉得自己很忙，但实际上呢？对时间的使用率低得可怜。

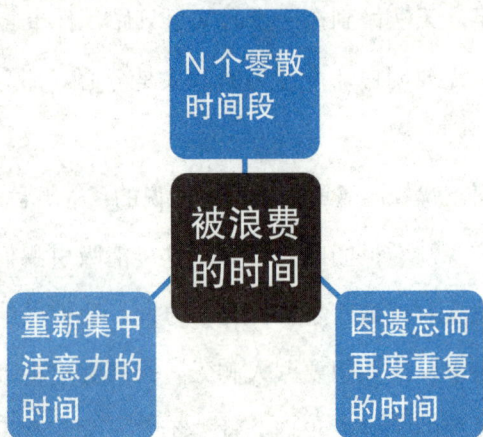

N 个零散
时间段

被浪费
的时间

重新集中
注意力的
时间

因遗忘而
再度重复
的时间

我们在完成不同任务时，需要启用大脑中不同的脑区。在切换脑区的时候，就需要浪费一定的时间和精力，并不能马上完成。比如你刷了一会微博，再去看资料，就不能马上静下心来，还需要几分钟的时间，在这几分钟里，你无法全神贯注，看资料的效果自然不会好。

如果用零散时间来做一件需要全身心投入的事情，其实需要花费很多额外的时间，比如你静下心来的时间，你重复看刚才已经遗忘的资料的时间等。

要知道，这里面的很大一部分时间都是被浪费的，而这些被浪费的时间，都能通过提高专注力被节约下来。这时就不得不提到时间管理的概念了。

一般，我们可以将事件分为 A、B、C 三类事：

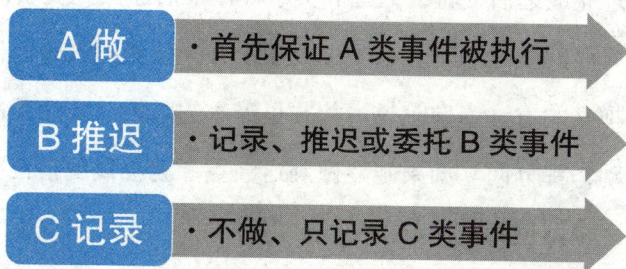

A 做 ·首先保证 A 类事件被执行

B 推迟 ·记录、推迟或委托 B 类事件

C 记录 ·不做、只记录 C 类事件

A 类事件：确定必须由我们亲自执行的重要事件，往往是计划内的事件；

B 类事件：突发的紧急状况，往往是计划外的；

C 类事件：对我们产生内外干扰，却又不是重要或紧急的事件。

对这三类事件，应采取不同的处理方式，其口诀是：做 A，推迟 B，记录 C。

最后，按照"易效能ABC255工作法"来做事情。所谓"易效能ABC255工作法"也就是，在优质的时间、空间内集中精力优先执行A类事件，花25分钟专注做A类事件，5分钟休息。这样可以提高专注力、做事效率，保证A类事件高效完成。对于B类或C类事件，先推迟或记录。当A类事件处理完成之后，再去处理B类事件，最后才做C类事件。

《西藏生死书》里有个小故事：有一位老妇人来向佛陀请教禅坐的方法，佛陀说，从井里汲水的时候，要让手的每一个动作都分明。如果她能做到这一点，就会发现自己处于宁静之中，也就是禅定。

只认真做手头这一件事，只认真把这一件事做好。吃饭的时候，就一口一口地享受这一顿饭；和父母在一起的时候，就从细节处注意到并享受他们的关爱。哪怕是被迫和讨厌的人在一起聊天，也要认真找出他身上有趣的地方。

坚持这样做，慢慢地，你会发现，你的每个动作都更清晰，你的心神更专注沉稳，你的工作效率也会随之提高。

当然，专注并不是那么容易做到的。

一方面要尽可能排除外部干扰因素。比如，如果有一件事需要你全身心投入，最好给它安排较多时间，并提前将所需的东西准备好，以免中途分心去找缺少的东西。为了避免干扰，可以暂时将手机静音或者关机。当然，这种方法只是一个建议，你完全可以根据自己的情况选择合适的办法。

另一方面，要学会控制自己的心神。

当你手上同时有几件重要的事情需要做时，你难免会觉得焦虑，在做一件事情时也无法专心，想着另一件，就算在休息的时候，也会不由自主地想起来。而这种焦虑一定会影响你的工作效率，让你无法又快又好地完成一件事情，开始下一件事情。所以，你要学会控制心神，做一件事时全神贯注。

踏实：做事经得起时间考验

蔡崇达在《皮囊》里说过这样一句话：

或许能真实地抵达这个世界的，能确切地抵达梦想的，不是不顾一切投入想象的狂热，而是务实、谦卑的，甚至是你自己都看不起的可怜的隐忍。

如果你想做有意义的事、想实现自己的理想，只有一个秘诀就是踏实做人。

人们常说，大智若愚，有的人看起来呆呆笨笨的，太过老实，其实这样的人才是最聪明的。还有一些人总是善于投机取巧，觉得自己很聪明，实际上呢，这种人是最笨的。

如果一个人好高骛远，那他的未来就无从谈起。

　　很多人都有美好的梦想，却不想付出努力去实现梦想。每次谈起自己的梦想，他们都两眼放光，似乎梦想已经成真，还对身边那些小人物嗤之以鼻。可实际上呢，由于不努力，他们的梦想根本不可能成真。

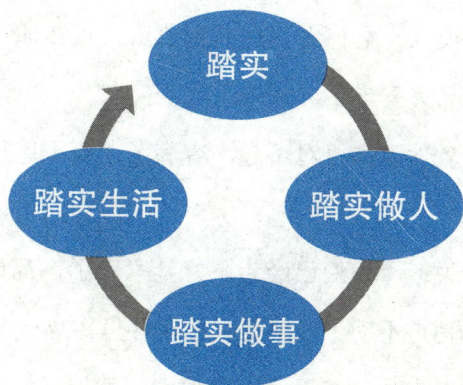

　　但是在最初交往的时候，由于了解不多，很多人都会被他们的雄心壮志所折服，甚至以为他们是难得的奇才。不过别忘了，日久见人心，天天夸夸其谈，却没有成就。他们很快就会沦为别人的笑柄。如果他们还是只空谈不实干，那他们永远也改变不了现状，最多只是换一个环境，继续下一次沦为笑柄的过程。

　　要知道，老实做人、踏实做事才是一个人最正确的活法。

老实做人，踏实做事，也许并不一定会立竿见影，马上取得成功。但若不肯老实做人、踏实做事，就很容易走入歧途。

一个人如果能够明白这个道理，他的生活也许就会少很多的迷惑，就会少一份空虚感，而多一份安全感，而他的人生也会因此而变得充实而有成就感。

一个深夜，一名侍者正在前台值班。正在他准备关门的时候，一对老夫妻走了进来。

侍者抱歉地说："对不起，客满了，要不您再去别的店看看吧。"

老夫妻说："我们已经走了好几家店了，都说客满，现在我们实在是走不动了，就让我们在这里休息一晚上吧。"

使者见老夫妻确实已经十分疲惫，就把自己房间的钥匙拿出来递给他们，说："我今晚要值班，你们就睡在我的房间吧！"

老夫妻千恩万谢，拿着钥匙去休息了。第二天临走的时候，他们要给侍者一笔钱，却被侍者拒绝了。

老夫妻临走之前说："你是个好人，以后我们会报答你的。"

侍者笑着送老夫妇出门，就继续工作了。不久之后，他收到了一封信，里面有一张去纽约的单程机票。他按照信上所写的来到纽约，到了一座金碧辉煌的大楼前面。原来，那对老夫妇身家过亿，他们为侍者买下了这座酒店，交给他经营。

这位侍者就是希尔顿饭店的首任经理。

其实，因果就掌握在我们自己手里。每个高手在崭露头角之前，都会用心做好当下的事情。

徐特立说过："一个人最怕不老实，青年人最可贵的是老实作风。'老实'就是不自欺欺人，做到不欺骗人家容易，不欺骗自己最难。'老实作风'就是脚踏实地，不占便宜。世界上没有便宜的事，谁想占便宜，谁就会吃亏。"千里之行，始于足下。那些好高骛远，不脚踏实地的人，通常都与成功无缘。只有认真踏实的人，才有可能获得成功。

稳定：提高你的情绪商数

1991年，美国心理学家彼德·萨洛维创立了"情绪商数"，即自我情绪控制能力的指数。情绪商数是一种认知、了解、控制情绪的能力。

"情绪商数"组成部分

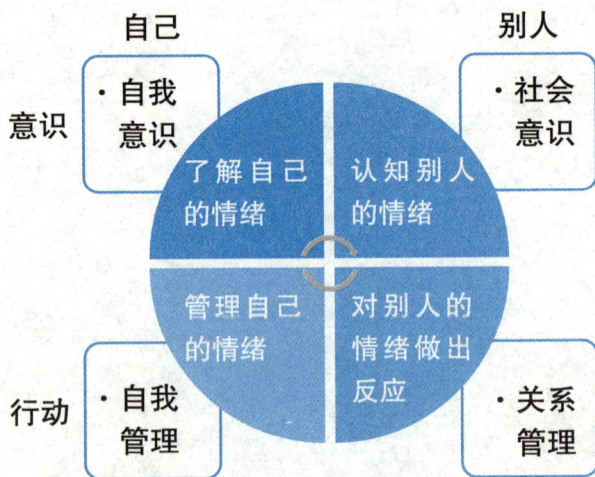

人的情绪犹如水一样起伏不定，我们需要学会认知情绪并管理它。

在非洲草原上，有一种叫吸血蝙蝠的动物，经常聚集在野马的腿上吸血，很多被它们叮咬过的野马都会死去。

这让动物学家困惑不已，因为这些吸血蝙蝠吸的血量并不大，根本不可能致死。于是，动物学家对此进行了研究，后来发现，野马真正的死因，其实是暴怒和狂躁，也就是说，它们并不是死于被吸血，而是剧烈的情绪反应。

可见，情绪是有成本的，这个道理对于我们人类来说依然适用。

情绪反应发生的事情90%

自然发生的事情10%

美国社会学家费斯汀格认为，我们生活中所发生的事情只有 10% 是自然发生的，而剩下的 90% 都是由我们对其他事情的反应决定的。为了说明这个道理，费斯汀格用一家三口在某天的遭遇来作为例子。

卡斯丁早上洗漱的时候，随手把自己的高档手表放在了洗漱台上。妻子担心手表被水淋湿，就拿出去放在了餐桌上。没想到儿子到餐桌旁吃饭时，不小心把手表碰到了地上。

卡斯丁心疼地冲向手表，发现它已经被摔坏了，就把儿子骂了一顿，又跟妻子抱怨了几句。妻子不太高兴地说："我也是好心，担心手表进水。"

卡斯丁却虎着脸说："这手表是防水的！"

两个人争吵了一番，卡斯丁气呼呼地离开了家，准备去公司。直到来到公司楼下，他才想起没拿公文包，只好回家取，可是等回到家，妻子早已经去上班了，儿子也已经去上学了，卡斯丁的钥匙又在公文包里，他只好给妻子打电话。

妻子接到电话，匆忙往家赶，不小心把路边的水果摊撞翻了，被摊主纠缠，最后赔了对方一大笔钱才脱身。

卡斯丁匆匆拿着公文包回到公司，还是迟到了，被上司狠狠地批评了一顿，憋了一肚子火。下班之前，他又因为小事和同事起了争执。

妻子也很倒霉，因为中途回家，她被扣掉了当月全勤奖。而儿子呢，在参加棒球赛的时候，因为心情不好而发挥失常，根本没有进入决赛。

在这个事例中，手表摔坏只占整个事件的 10%，后面的一系列倒霉事占到了 90%，而它们之所以会发生，都是因为卡斯丁没有管理好自己的情绪。

而如果卡斯丁能够在这天早晨管理好自己的情绪，告诉儿子"不要紧，这块手表我拿去修一修就好了"，之后一系列不好的事件就不会发生了。

面对坏情绪，比起发火，我们更应该关注它们产生的原因。

要知道，情绪其实是我们身体内最直观的反应。

情绪是流动的   心情好想吃东西

心情不好想吃东西   减肥好难啊

在心理学家看来，人们如果没有情绪，思考就会大打折扣，也会经常作出愚蠢的决定，判断也会出错。

情绪能够很好地保护我们，让我们更好地适应周围的环境。可以说，正是因为有了各种情绪，人才能称为人。因为有了情绪，我们的人生才算有价值。

所以，当你有各种情绪的时候，千万不要抱怨，而是应该心怀感激。因为聪明人知道，有了平静的情绪，我们才能更好地认识自己。正确的做法是，坦然面对情绪，并学会接纳它，再慢慢与它和解。

如果你觉得不开心，一定要先找到原因，再扪心自问，事情为什么会变成这样。其实，这就是一个自我了解的过程，要善于挖掘情绪背后自己的真实意图，才能从根本上解决问题。这种理性思维可以让我们迅速树立情绪，而不是花费时间在一些无关紧要的事情上。

当然，有时候情绪的到来毫无缘由，那就没有必要执着于一定找到原因，不如美餐一顿，或者好好睡一觉，让自己平静下来。过一段时间，你的情绪自然会恢复过来。

其实，生活中很多事情的结果都取决于我们管理自己情绪的能力，管理情绪就是在管理人生。当然，管理情绪并不容易。

既然如此，我们该如何去管理自己的情绪，如何赶走坏情绪呢？

这就不得不提到卡瑞尔公式，这是一套解决忧虑的情绪管理方法，主要通过三个步骤来完成。

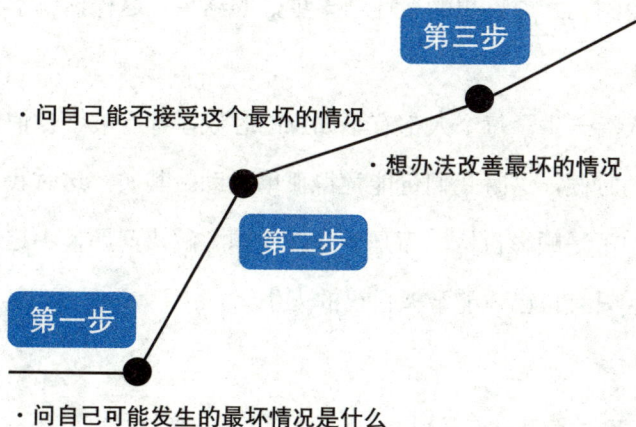

第三步

·问自己能否接受这个最坏的情况

·想办法改善最坏的情况

第二步

第一步

·问自己可能发生的最坏情况是什么

首先我们可以设想一下，这个坏情绪事件的最坏结果是什么。就比如卡斯丁这个例子，他之所以产生坏情绪，是因为手表被摔坏了，而这也是这个事件的最坏结果。在你设想出了坏情绪事件的最坏结果之后，你会发现一切都没有想象中那么糟糕。

其次，问自己能否接受这个最坏的情况，并并学会接受这个最坏的结果。在我们接受了最坏结果之后，就不会感到焦虑了。

最后，立刻改善最坏的结果。一旦你设想出了最坏结果，就可以想尽一切办法来挽回损失。经过一系列努力，你一定可以得到比之前设想的最坏结果更好的结果，这样你就不会焦虑了。

人活一生，每个人都有不如意的时候，都有被不良情绪影响的时候，这时我们可能觉得孤单无助。其实，这时我们要做的不是顾影自怜，而是要分析问题、解决问题，不逃避问题，只有自己才能掌握自己的人生。

底线：人有不为也，而后可以为

什么是底线？

古人云："君子有所为，有所不为。"底线是我们做人的尊严，是我们的铮铮铁骨。

说到这里，就不得不提一下那个"不为五斗米折腰"的陶渊明。

陶渊明的曾祖父是东晋大司马，可以说，他也是名门之后。年轻时，陶渊明也曾胸怀大志，但是由于时局动荡，他的一腔抱负根本无法实现。再加上他为人正派，不屑与那些小人同流合污，所以显得与周围格格不入。

为了生存，陶渊明也曾做过小官，但是，耿直的他根本看不惯黑暗的官场，很快就辞官回家了。后来迫于生计，他又做过别的官，过着时隐时仕的生活。

陶渊明最后一次做官的时候，已经 40 多岁了。当时，他听从朋友的劝说，做了彭泽县令。刚到任不久，县里就派督邮来了解情况。有人告诉陶渊明，需要穿戴整齐，恭敬地迎接这位督邮。

陶渊明叹了口气，说："我不愿为五斗米折腰。"说完，他就脱下官服，回家去了，从这之后，他再也没有踏足官场。

回家之后，陶渊明就过上了一边种地一边写作的生活。可是，他后续又遭遇了一系列不幸，日子越过越艰难，但即便是这样，他也不愿意再做官。江州刺史得知他的境况，为他送来了米和肉，也被他拒绝了。

其实，以陶渊明的才华，原本可以生活得更好，但是因为他不愿意折辱自己的人格和气节，才过得如此凄惨。

在有些人心中，某些原则代表着他的底线。有底线之人，自然有着不凡的品格，在他们的心中，良心比金贵，人品重如山。他们不会因金钱而抛弃家庭，不会因名利而出卖好友。

有底线之人，不会过分看重身外之物，只把人品放在第一位。而没底线之人则恰好相反，为了一丁点利益，他们都不惜付出一切代价。

没底线之人，根本不知道品格为何物，也不知道良心二字怎么写。

底线不但是一个人人品的代表，也是他处事态度的代表。

我们身边经常有这样一种人——窝窝囊囊，内心没有主见，做事犹豫不决。其实，这种人就是做事没有原则，做人没有底线。想强硬一点又怕得罪人，想让步又怕吃亏，所以左右为难。

如果一个人没有底线，那确实窝囊。

既然如此，那人生在世，要遵守的底线有哪些呢？

这个问题比较宽泛，答案也比较广，但如果从人生的实际价值出发，人应该主要守好以下三个方面的底线：

第一，付出要有底线。

```
               ┌──────────┐
               │   底线   │
               └──────────┘
         ┌──────────┼──────────┐
  ┌──────────┐ ┌──────────┐ ┌──────────┐
  │付出有底线│ │善良有底线│ │感情有底线│
  └──────────┘ └──────────┘ └──────────┘
```

有些人，一生都在为别人、为亲戚朋友、为工作付出。但是，如果这种付出越过了底线，变成了你的负担，让你身心俱疲，就不如放自己一马。如果你毫无保留地付出，只能成为别人的奴隶，让生活中充满憋屈，毫无快乐。

第二，善良要有底线。

善良的人不会伤害别人，在别人需要帮助的时候也会伸出援手。但是，帮人也要有底线。如果你毫无限制地透支你的善良，只会留下后患。

我有一位朋友就是这样，平日里乐于助人，几乎有求必应。有一次，他的亲戚找到他，说家里要买房，首付还缺五十万元，让他帮忙担保。这位朋友觉得，买房是大事，不好意思拒绝，就为对方做了担保。从那之后，那位亲戚就像人间蒸发了一样。后来他才知道，这位亲戚根本不是买房，而是拿钱赌博了。现在，这位朋友每天都被银行追着还钱，日子过得十分狼狈。想必他也后悔过，可是后悔也无济于事。

第三，感情要有底线。

把感情看得很重的人，宁伤自己也不伤别人。但是，我们要清楚，感情也是要有底线的。当面对你爱的人时，你不能在对方不知足的情况下，无条件地为其付出，这样的付出会显得你很廉价。

要知道，真正爱你的人，是不会让你一直付出的。人的感情是有底线的，不管一个人多么善良，都有他承受的底线。只有那些懂得珍惜的人，才会重视你付出的真情和真心。人生在世，需要底线。底线是我们做人的根基，更是我们为人处世的核心。

正如《水浒传》中说道："人无刚骨，安身不牢。"一个人若是没有坚硬的骨气，就难以安身立命。古语云："人有志，竹有节。"生而为人，需有自身的志气和骨气。无骨之人，便如路边野草一样，随风摇荡。人这一生，要守住自己的底线，做一个有骨气的人。

时间：守时的人才靠得住

网上曾有这样一个投票活动：评选最令人反感的不靠谱行为。在一众选项中，"不守时"成为网友们的热门选择。

就像著名作家梁实秋先生说的："和人要约，害得对方久等，揆诸时间即生命之说，岂是轻轻一声抱歉所能赎其罪愆？"对于那些不懂得守时的人，被原谅和被宽恕本就该是一件奢侈的事情，岂能是他们一句不以为然的抱歉就能消解的呢？

92 天，整整三个月的实习期终于结束了，阿华终于如愿以偿地成为当地知名企业 A 集团的新晋员工。为了庆祝自己成功入职，阿华特意邀请了三两好友，准备去好好庆祝一番。

约定好的时间是晚上 8 点，然而，当朋友们准时赴约后，身为主人公的阿华却并未现身。

"喂，阿华，你人在哪里啊？大家都到了呀！"朋友在电话里大声问道。

"哎呀，我睡过头了！"电话那头传来阿华睡得迷迷糊糊的声音，"你们先点菜，我马上就来！"

于是，朋友们便按照阿华的意思，先把吃的点好，想着等菜上齐了，阿华也该来了。

然而，整整一个半小时后，阿华才懒洋洋地出现在大家面前。

"阿华，你搞什么啊？我们等你等得黄花菜都凉了！"

"是啊，你不会是刚找到工作人就飘了吧！"

面对朋友们的责备，阿华表现得毫不在意，甚至觉得自己只是晚到了一小会儿，"你们不知道，实习这段日子，我整天早出晚归，都没好好睡过觉呢……这不，今天下午我才美美地睡了一觉！"

看到阿华一点儿都不为自己的迟到感到惭愧，朋友们都有些不悦。于是，那天晚上的聚餐，不仅饭菜是凉的，就连朋友们的心也有一丝丝凉意。

其实，这不是阿华第一次不守时，一直以来，他都是一个没有时间观念的人，放鸽子的事常干，迟到更是家常便饭。正是因为这样，朋友们才对他这次能够顺利入职感到疑惑：像他这样不守时的人，是怎么熬过实习期的呢？

对于这个疑问，阿华的回答很简单："为了拿下这份工作，我拼了命装了三个月守时的人，只要过了这关，以后就能再像从前一样，还能过上好日子！"

果不其然，入职后的阿华，不再像以前那样早到晚走，反而开始掐点上班、到点下班。时间再久一些，阿华开始像其他老员工一样，偶尔晚到几分钟、十几分钟、几十分钟……

有一次，阿华所在的部门有一个重要的商务会议，由于会议所需的资料在公司总部，而开会的地点在距离公司总部较远的度假山庄。于是，阿华的上司指派他去公司总部取资料，并叮嘱他一定要赶在会议开始前的半个小时回来。

就在上司和同事们焦急等待的时候，阿华这个不懂得守时重要性的人，终于露出了"本性"——本应该急匆匆出发的他，却选择先去了度假山庄的美食城。在那里，阿华为自己挑选了好几样美食，准备在路上吃。

挑挑选选之后，阿华才慢慢悠悠地出发去打车，而此时距离开会的时间只剩两个小时。阿华叮嘱司机师傅开快点，但由于路上堵车，这段原本只需一个小时的路程，足足耗费了一个半小时。

最终，当阿华抱着资料出现时，已经比约定的开会时间晚了整整两个小时。不出意料，这次重要的商务会议因为阿华的迟到被取消了，他所在的部门受到了公司的严厉批评。

从那以后，阿华的工作便陷入了僵局，同事们对他敬而远之，上司对他不再重用，部门重要的工作都不会再让他参与，因为大家都怕不守时的阿华会再次掉链子。没过多久，阿华收到了人事部发来的辞退通知。

直到现在，阿华都认为自己之所以被辞退，只是因为那次没有准时把资料送过去，而他也将原因归咎于堵车。是啊，对于这样一个不懂得从自身找原因、不懂得守时的人，或许被辞退是他应得的结果。

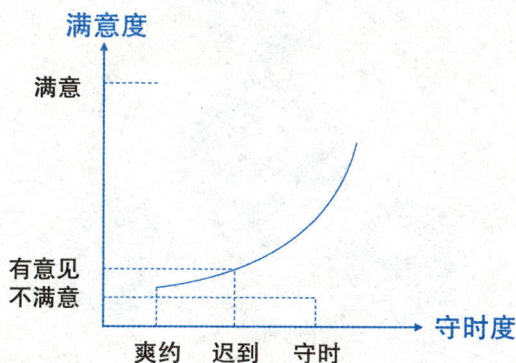

人们常说"一寸光阴一寸金"。时间如此珍贵，我们必须做到守时。因为，守时不仅是一种生活习惯，也是一种为人处世的态度和品德，更是衡量一个人靠谱与否的标准。

守时看似小事，却关系重大。靠谱的人会对自己说过的话负责，而不靠谱的人，却把说话当作一种消遣。为什么这么说呢？

第一，因为说话没有成本，不靠谱的人根本没有想过对自己说过的话负责，只会畅所欲言地"吹牛"；第二，对不靠谱的人来说，做事也不需要成本，他们最喜欢做空手套白狼的事情，并且屡试不爽；第三，不靠谱的人是不在意时间成本的，在他们眼中，别人的时间不值得尊重。

不难想象，和这样不靠谱的人打交道久了，一定会满腹怨言。

A 小姐单位有一个同事很不靠谱，但每次有方案下来的时候，这位同事都会跑去找 A 小姐合作。由于磨不开情面，A 小姐只好答应和他一起合作。

他们一起合作的时候，那位同事总是说会完成自己的这一部分，可是往往到了交方案的时候，A小姐才发现他什么也没做。

企业的领导只管方案完成情况，不管具体如何分工。所以，由于这位同事不靠谱，A小姐这组总是会被狠狠地批评。

有的人不靠谱，合作一次就算了，如果你永远和这样的人合作，那么久而久之你会感觉非常疲惫，你甚至可能变成一个像他一样不靠谱的人。这种人是没有责任心的，所以，如果在生活中遇见了这样的人，就与他分道扬镳吧。

要知道，一个人最重要的能力，就是让人放心，让人觉得靠谱。和靠谱的人一起合作时，每个人都能将更多的精力专注在自己的事情上，你们相互之间形成的合力可以办成更大的事情。这就是为什么很多初创公司招人时，都有一条要求要靠谱。

不管在工作还是生活中，这样的人一旦开始做某件事情，就会负责到底，并且做到能力范围内最好。

在一次单位聚餐上，有一位同事事先答应好了要来吃饭，但到了约定的时间仍迟迟不见身影，于是，大家选择继续等他。

然而，过了半个多小时这位同事依然没出现。由于等得太久了，其中一位同事拿起电话打了过去。没想到的是，这位迟迟不见身影的同事在电话里说道："我有事，去不了了！"

虽然吃饭是一件小事情，但可以彰显一个人的人品。你如果不去，就要提早告知对方，别让那么多人等你那么久。

通过吃饭爽约这件事，同事们都觉得那位放大家鸽子的同事不靠谱，这也导致在日后的工作中，大家都开始慢慢疏远他，谁也不愿意和他一起工作。

每个人的时间都是宝贵的，每个人都有自己需要做的事情，不要因为你的不靠谱浪费别人的时间。所以有时候并不是大家想要孤立你，而是你做了一件已经暴露了你为人处事不靠谱的事情，才导致没有人敢和你共事了。

守时是对他人的承诺和尊重。如果一个人的人品足够优秀，那他必定知道守时的重要性，而这样的人，才算得上是真正靠谱的人，才值得信赖。

第三章

好的感情，从双方靠谱开始

理性：你追求的爆炸爱情说不定会炸了自己

电视剧《离婚律师》中有这样一句话："感情就是一场投资，有人值得投资，有人则会随着时间贬值。"听过的爱情故事越多，越觉得这句话有道理。

盲目的爱情只能撑一时，长久的爱情需要理性大于感性。

或许有的人会说爱情就是盲目的，但是爱一个人真的能不求回报吗？真的值得以命相搏吗？遇到不靠谱的人，你失去的可能不仅是爱情，还可能是金钱甚至生命。

我们都知道，人的大脑有两个半球，一般情况下大脑是作为一个整体来工作的。所有来自外界的信息，通过胼胝体传递，左、右两个半球的信息可在瞬间进行交流，因此人的每种活动都是由大脑两半球信息交换和综合的结果。大脑两半球在机能上有分工，左半球感受并控制右边的身体，右半球感受并控制左边的身体。

左脑 VS 右脑

左脑
控制右侧身体

数量与数字技能
算数和科学能力
口语
书面语言——文字
客观的
分析
逻辑
推理

右脑
控制左侧身体

3D图像
音乐与艺术
直觉
创造力
想象力
主观的
综合的
感性的
人脸识别

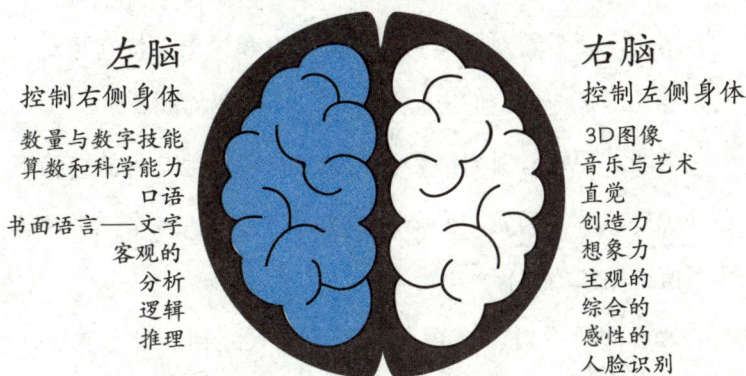

有的人右脑比较发达，那这个人就偏感性，放在恋爱中，这就是典型的恋爱脑了；有的人左脑比较发达，那这个人就是偏理性的，对待感情是理智优先。

实际上，不论男女，爱一个人都要理性大于感性。

说到这里，那我们该如何做到理智地选择一段感情或婚姻呢？

第一，一定要做到彼此了解。只有在彼此足够了解的基础上，才能有继续深入交往的可能，否则只要时间一长，对方的缺点和谎言就会被揭露出来。

第二，要了解对方的过去。一个人的经历里，隐藏着这个人的品性，只有足够了解对方的过去，才能对他了如指掌。否则，你就会被对方的表象所欺骗，无法触碰到他的真实内心。

第三，要看看对方是否经得住寂寞和诱惑，特别是对男人来说，这是衡量他们忠实与否的一个重要标准。

第四，要看看对方能否做到镇定自若，他是否能够静下心来想办法解决问题。要知道，镇定自若的人才是婚姻和感情里值得相依的伴侣。

第五，要看对方是否心存善念。人之初，性本善。善良是一个人身上最珍贵的品质，倘若一个人没有善良，那么他就等同于披着人皮的恶魔。终有一天，他会露出自己的真实面貌。

最近几年，出现了一个流行词——PUA，即搭讪艺术家。这个词最早来源心理学家阿尔伯特·艾利斯的《性诱惑的艺术》一书，主要观点是说：一旦克服了内在思想，男人就能克服不自信，从而成功地搭讪到女人。

之后，这一观点被人们应用到实际生活中。许多男人通过这一技巧来搭讪女生，由此便形成了以诱惑女性来满足征服目的的男性社群，即PUA社群。

现实生活中，被PUA毒害的女生不在少数，微博上就曾出现过好几个热搜新闻，比如，某知名大学女生为爱自杀，实则是因为她被同校的男朋友 PUA，所以才会走上自杀的道路。

说白了，这种悲剧有很大一部分原因是因为在爱情中缺乏理性。

实际上，爱情就像做投资，我们投入本金后，应该在看到了回报率后再理智地选择加码投资。如果义无反顾、不计后果地沉溺进去，只怕事与愿违的时候追悔莫及。长久的爱情一定需要彼此相互扶持，否则总有一天，现实会教会你什么叫作残酷。

喜欢上一个人需要几步?

就像张爱玲说的："越长大就会越明白，你需要的不再是疯狂的爱情，而是需要一个不会离开你的人。"比起热恋时的如胶似漆，爱情和婚姻其实是更需要经得住时间打磨的平淡家常；比起为之疯狂的爱情，人们最需要的其实是一个

可以随时拥抱的人。所以，比起爱得疯狂，爱得理智更加重要。

　　总之，在感情中，理智思考的人才会明白自己想要什么，才能分辨出对方是否适合自己，才能避免被对方迷惑，作出明智的决定。

尊重：比任何揣度都有用

问世间，情为何物？

或许有人觉得梁山伯与祝英台式的感情才称得上是爱情，又或许有人认为罗密欧与朱丽叶的感情才是真正的爱情。

正所谓"萝卜青菜各有所爱"，不同的人，对待爱情这件事总会有各不相同的态度。不过，爱情并非像文学名著中描述的那样美好而壮烈，更多地体现在生活的细节之中。比起激情四射的爱情，柴米油盐酱醋茶的爱情更可贵，家长里短嬉笑怒骂的爱情更难得。

细究起来，真正的爱情其实是相濡以沫的陪伴，这才是爱情最长久的样子。想要做到如此，最重要的是感情中的双方要相互尊重。

在汉代，有一个叫梁鸿的贤士，他为人正直，品德出众。梁鸿的妻子叫孟光，是个长相一般甚至有些丑陋的女子。即便如此，但梁鸿和妻子非常恩爱，生活得十分幸福。

每当梁鸿回家时，妻子就会将装有饭菜的盘子端到丈夫面前让他享用。为了表示对丈夫的尊重，妻子会将盘子举到和自己眉毛齐平的位置，不敢用目光去仰视丈夫，而丈夫梁鸿也会"礼尚往来"，同样彬彬有礼地接过盘子，以表达对妻子的尊重。

这就是古人形容夫妻和睦相处的词——举案齐眉。

虽然这只不过是这对夫妻相处过程中的一个小片段，却足以彰显出他们二人的相互尊重，以及它能为感情生活带来的好处。

从古至今，真正的爱情并不是什么惊天地泣鬼神的生死相依，也不是多么轰轰烈烈的山盟海誓。相反，真正的爱情其实是两个人在相互陪伴的旅程中，始终牵着彼此的手，共患难、同进退，彼此尊重、彼此守望。这才是最弥足珍贵的爱情。

在一段感情中，尊重是爱一个人最好的方式。没有将心比心的感情，容易让亲密的恋人彼此生疏，对彼此的感情有害无益。

在感情中，我非常反感的一种状态，是暧昧。

所谓暧昧，指的是男女之间态度含糊、不明朗的一种关系。正式确定关系的时候，我们需要考虑许多现实原因。而选择暧昧，却只有一个原因，那就是难以抵挡的相互吸引。相较于稳定的关系，暧昧的最大好处就是不用负责，或者说不用承担压力，这样的关系让我们感到轻松，也最容易受伤。

有一首《暧昧》的歌曲是这样唱的："暧昧让人受尽委屈，找不到相爱的证据，何时该前进，何时该放弃，连拥抱都没有勇气。"

暧昧的感情总是不明不白的开始，莫名其妙的结束。

橙子最近就犯了糊涂，她搞不清楚自己和周磊的关系。

橙子跟周磊是在一个读书群认识的，周磊喜欢哲学类的书籍，而且讲起来头头是道。他看向橙子的眼睛是笑的，带着阳光的那种，橙子一下子就被迷住了。几乎每一天，他们的聊天都会到凌晨才结束，还带着一丝丝的意犹未尽。

那段时间，橙子开心极了，觉得找到了自己人生的另一半。橙子觉得周磊也是喜欢自己的，因为天冷了，对方会提醒她多加衣服；晚上还时不时提醒她早些休息；节假日更是推掉所有的聚会，只为了好好陪伴橙子……两个人一起看电影，一起逛街，一起吃饭，言行举止俨然一对热恋中的情侣。

但周磊从未正式地和自己表白过，橙子几次和周磊暗示愿意成为他的女友，但他似乎没有更进一步的打算，从不给予明确答复。每当橙子一再追问时，他的态度就会冷淡下来。

一段暧昧关系，彼此牵扯不清。橙子身心俱疲，一边希望不断付出能够感动周磊，一边又不断怀疑自己该不该继续。

就这样一年左右，橙子看到周磊在朋友圈晒出的女朋友另有其人。她气不过，借共同相识的朋友之口，去向周磊要一个理由。朋友传回来的话是："他以为你们只是关系比较好的朋友，希望你以后不要再打搅他的生活。"

暧昧是友情与爱情之间的畸形产物，友情前进半步是暧昧，前进一步是爱情，半步的距离诞生了爱情与暧昧两种产物。为什么好好的一步要分两步走？其主要原因要归咎到个人。在男女关系中，暧昧的本质是彼此有感觉，但这种感觉并不足以让双方切切实实发展一段正式的关系。

在我看来，爱就是爱，不爱就是不爱，从来都不存在模糊地带。在感情中如果不喜欢一个人，那不管对方做出再多的努力，也要学会直接拒绝对方的好意，平时保持一定的距离，绝对不要浪费时间在迂回地试探和周旋上。这才是成熟对待爱情的方式，也才能真正地维持好彼此的关系。

如果一味以怕对方接受不了为由继续跟对方暧昧，只会让对方产生更深的误会，还可能让对方错过真正对的那个人，最后造成伤害岂不是更大？不要把对方想的过于脆弱，也不要把自己想的过于重要。如果你不爱对方，诚实地告诉对方，这是对彼此的尊重。

很多时候我们爱自己甚于对方，这没什么。但是要想清楚，你对对方的爱是基于什么呢？是他的才华、人品、颜值还是金钱？一旦这些不存在，你还会爱他吗？

很多时候我们不是在和眼前的这个人谈恋爱，而是跟自己幻想中的他谈恋爱。我们想象中的他，完美无缺，能够满足我们所有的需求，我们把这种想象运用到眼前的人身上，一旦他没能做到就大发脾气，"我要你有什么用？"

要明白，恋爱关系里两个人都是独立的个体，他并不会因为成了你的另一半就不再拥有自我，只听命于你。他有自己的朋友圈，有自己的工作，有自己的爱好，有自己的隐私。如果他愿意，他会告诉你关于他的一切，和你分享他的生活，如果他不愿意，我们也没必要强行进入。

刚恋爱的两个人，往往恨不得时时刻刻黏在一起，等日子久了，滤镜消失，对方的缺点展露无遗，便开始躲着对方、嫌弃对方。我们都是普通人，谁能没有缺点呢？认清楚自己，也认清楚对方，宽容一点，想想你是怎么和自己相处的，就明白该如何和对方相处啦！

世间那么多人，唯独他走到了你的身边，看你哭、看你笑、看你闹，看你犯傻、看你暴躁，却还留在你的身边。我们要珍惜这段缘分，也许我们一生中会爱上无数个人，但当我们处在这段关系中时，我们就要对眼前的人负责，对自己负责。做一个靠谱的伴侣，才能经得起时间的考验。

自律：懂得自律的人，一定值得信赖

人人都向往自由，喜欢过无忧无虑的生活，但这样生活久了，人们就会产生惰性，慢慢地不再拥有动力，所以，在生活中，要学会自律。所谓自律，简单来说就是自我约束或者自我管理。

细究起来，"自律"一词出自《左传·哀公十六年》，指的是在没有人督促的情况下，通过要求自己，变被动为主动，严格约束自己的一言一行。这段话看似简单，但能做到的人却少之又少。

在婚姻生活中，自律更是一种不可多得的珍贵品德。好的婚姻需要自律，不是随心所欲地过日子，这需要夫妻双方共同花心思经营。

《生出幸福的小小花种》里，松浦弥太郎说："家庭是最基本的人际关系，无论发生什么，我都把每晚 7 点全家人聚在一起吃饭的习惯视若珍宝。这比我的工作、爱好、社交都更重要。"

人生越自律越自由。

那么，如何才能拥有自律的人生，成为"行动上的巨人"呢？

第一，就是定目标。这个目标必须是你最想达到的，可以将长期目标和短期目标区分开。

举个例子，从长期的人生规划来说，你可以给自己喜欢的技能、擅长的技能、能挣钱的技能画三个圈，圆圈重合的部分就可以作为你人生的长期目标，而后，你便可为之好好地规划和努力；从短期的阶段来说，比如，这段时间你想考985 院校的研究生，并且认为没有其他的事情比这个更重要，那你就可以把这个定为短期目标并开始自律。

好的目标 ＝ 欲望 ＋ 能力

正所谓"好的目标 = 欲望 + 能力"，它可以启动你的内心驱动力，促使你不断走向成功。

山田本一是日本著名的马拉松运动员，他在自传中吐露了自己成功的秘密："每次比赛前，我都会乘车前往比赛场地，仔细看看比赛路线，并画下沿途比较醒目的标志。比如一栋醒目的建筑物，一棵奇特的树等。

"比赛开始后，我会竭尽全力冲向第一个目标，然后再用同样的速度冲向第二个目标。虽然整个赛程长达 40 多公里，但是我这么一分解，跑起来就容易很多。"

我们在做事的时候，也可以像山田本一这样，把一件事无限细化。比如，你想大幅度提升自己的颜值，这似乎很有难度，可是如果你把它细化一下，就会发现它没那么难：

第一，先找到适合自己的风格，挑选衣服和配饰，学会画眉，挑选适合自己的口红，然后尝试学习眼装和修容。

第二，就是制订每日计划。罗列好每天要做的重要的事情，一天最多 6 件，按事件优先级排序，并标记好时间段。长此以往，你就很清楚自己每天要做的事情了。这个清单会帮助你回顾之前做过的事情并准备好接下来要做的事。不过要记住，同一时间段内只做一件事。

第三，学会提高效率，管理好计划以外的时间。首先要形成良好的生活习惯，其次要学会拒绝诱惑，最后要多和自律、优秀的人结交，学习他人身上的长处，并不断激励自己向其靠近。

自律的人通常泰然自若、成熟稳重，知道自己走哪条路最合适，因此会先一步把自己的人生规划好，并依照既定的方向前行，所以他们永远走在前列，即便由于一些意外会延误既定好的行程，他们也不会从此无精打采、就此放弃，而是会重整旗鼓，继续笑对生活。他们深知，计划没有变化快，在遇到意外时灵活变通很重要，懂得自律，人生才会开出更绚烂的花朵。

契合：爱中求稳，没有完全适配的两个人

　　每个人都渴望完美的爱情，都渴望被爱。同时，每个人在寻找另一半的时候，心里总有着条条框框，希望遇到最适合自己的那个人。然而，在爱情里从来没有太多的风花雪月，最考验爱情的，还是柴米油盐的琐碎。随着时间慢慢流逝，多数人在适当的年纪选择了还算优秀又疼爱自己的那个人。

　　在爱情中，没有完全适配的两个人。就像某主持人曾经说的："如果你突然遇到一个人，跟你完美适配，你一定要小心，没有这样的人，他一定是有目的地接近你的，不要去那么地相信童话。"

　　在如今这个网络飞速发展的时代，通过网络进行恋爱，似乎成了一种潮流，许多人都会用自己的手机去依恋一个不能真正看得到、摸得到的爱人。而这种隔着屏幕的恋爱，在让人们享受浪漫美好的爱情的同时，也让人们不由得放下了

心理戒备，笃定网络那端的爱人，就是自己命定的爱人，是与自己完全适配的爱人。

然而，事实真的如此吗？

新京报曾报道过这样一则新闻，一名被网恋对象欺骗的男性，在确认自己被欺骗后，加入了一个网恋被骗受害者联盟的微信群。这个微信群里一共有 40 多个成员，大家都曾是网恋的受害者，且大多数都被骗钱了，所有成员的被骗金额加在一起高达 1080 万元。

为什么这些人会被骗呢？

在爱情中被骗，和性别、年龄无关，而与一个人的情感需求相挂钩。不管男女，当他们对情感产生一定的期望和需求时，就会在心中期盼可以遇到那个符合自己预期的人，也就是能够和自己完美适配的另一半。

带着这样的期望，人们往往会被网络那头的情感骗子抓住软肋，对方会通过各种手段将自己塑造成你期望的完美爱人的形象，让你一发不可收拾，误以为自己真的找到了命定的爱人。

这是每个人在对待感情时所拥有的正常心理状态。试问，谁不想拥有一个完美恋人呢？但事实总是不能如愿，因为爱情中从来没有完全适配的两个人。

那些被网恋骗钱、骗色的人，都陷入了骗子为他们量身定制的圈套之中，让他们在享受自己期望中的完美爱情的同时，不知不觉地沦陷进去。最终，当骗子得手后，网络那头的完美恋人就会消失，而对爱情抱有期待的受害人，只能落得个人财两空的结局。

导致这一切的根本原因其实是我们对爱情抱有太多美好的幻想。对自己的另一半，我们勾画了太多的条条框框，太想让他们成为我们幻想的那个完美样子和我们完美地适配在一起了。

有人问，什么样的感情才是最好的感情？

我回答——不远不近刚刚好，不浓不淡亦适中。

这是我坚持认为的一种观点，永远不要透支自己的情感，感情中只有适度地去付出，才能获得比较理想的效果，即使是爱情也不例外。遗憾的是，不少人一旦爱上就会毫无保留地付出，仿佛如果不对对方好上加好，就不足以表达自己的爱，结果陷得越深，伤得越重。

明成是一个老实憨厚的男孩，他喜欢上了漂亮的"班花"。也许是觉得对方太美好了，明成生怕对方看不上自己，一直努力地表现，恨不得把自己所拥有的全部送给对方。"班花"说饿了，明成会跑八条街买她最爱吃的慕斯蛋糕；"班花"喜欢了一个名牌包，明成吃了一个月的泡面省钱买给她；听闻"班花"减肥，他还对着网络上的美食视频，变着法给对方做各种营养减肥餐；平时帮着"班花"打饭、打水、拿快递的活儿更是没少干，节假日的小礼品也是必备的……

"我要用满满的诚意打动她。"明成信誓旦旦地说。

但"班花"对明成的态度始终不冷不热，这让明成郁郁寡欢。期间，他不断地询问"班花"原因，哪里做得不好他可以改，但"班花"对他的态度越来越不耐烦。

朋友们纷纷劝明成不要再傻傻地痴情下去，明成却一如既往，"只要她对我笑，愿意跟我说话，我做什么都愿意。"……

直到有一天，明成无意间看到，"班花"投入到了别人的怀抱。他委屈得几乎要哭出来，"我掏心掏肺地对她好，为什么她丝毫不在意我？"

我们都有这样一个误解：以为拼命对一个人好，那对方就会爱自己。听上去这个理由似乎也合情又合理，可事实证明，十段倾其所有的感情中，八九段都会以失败收场。

为什么？这一切都在于你对爱情的不设限，通俗讲就是没分寸。

爱情和感动、同情从来不是一回事。这不是爱，而是取悦。取悦，呈现出的感觉是离不开别人——你离不开我，所以才会对我这么好！时间久了，那个人是会习惯的，然后把这一切看作是理所应当，对你的要求越来越多。当你不断牺牲自我，爱得越来越卑微，你付出的一切都会显得如此廉价。

在感情中一味付出，没有底线的人，其实也就是不爱自己的人。如果一个人连自己都不爱，别人还怎么去爱你？只会给人看低你的机会。

而且，所有的付出者都是有附加条件的，就是希望对方也能够回馈给自己。当你的感情太过浓烈，太过沉重，往往会给对方带来心理压力，慢慢地不愿意接受这种好，心里慢慢地会有一种负罪感，会慢慢疏远。负担越重，越是还不起，越是还不起，越会想逃走……这是一个恶性循环。

月满则亏，水满则溢，物极必反。爱，自然也不可太满。一旦超过一定的限度，会破坏彼此关系的根基，双方都累，对方累，你也累。因此，哪怕真的很爱很爱一个人，也不要像飞蛾扑火般坚决，全情投入，倾其所有。爱一个人，不用付出全部的努力，最多爱到七分就够了，剩下的三分好好爱自己。

距离不远不近，感情不浓不淡，拥有这种契合感，才能长长久久。

我身边就有这样聪明的人，比如陈墨。

陈墨的家境普通，长得也普通，大学毕业后在一家私企做会计，虽说工资不算高，可她很知足，每天勤勤恳恳地工作着。虽然她现在单身，但她有一个暗恋的对象，对方在楼下公司上班，不仅长得帅，而且能力突出。一次偶然的机会，两人在电梯里相遇，陈墨的心一下子就被"丘比特"射中了。

"喜欢就去追。"同事看出了陈墨的心思，怂恿道。

尽管陈墨知道看到喜欢的人要主动，但她还是按捺住了。再遇到对方时，她只是微微一笑，不献殷勤，也不张扬。除了做好日常工作外，她很少逛街，不去泡吧，大部分的时间都用在看书、学习插花、瑜伽等事情上，源源不断地增强自己的内在美，这让她整个人的气质显得温婉大方。

也正是这种淡雅吸引了对方，随即主动对陈墨展开了追求。尽管非常非常喜欢对方，但陈墨也会提醒自己一定要克制，正如她自己所说，"哪怕你真的很爱很爱这个男人，哪怕这个男子再多么优秀，你也不能被冲昏头脑，一味地付出自己的全部。你本身先得有价值，你的付出才会有人来重视。"

那个男人呢？反而觉得陈墨很珍贵，很有魅力，于是更加珍惜她。

无论在爱情中，还是婚姻中，无论你是男是女，都要明白，爱情需要的是不是奉献和讨好，而是尊严与吸引，彼此关心、爱护、照顾，以及心与心的交流。给予别人的爱适可就好，好好地爱自己，好好经营自己，才是真正稳定的爱情基础，这样才能让人又爱又敬，看到爱情最美的模样。

毕竟最美好的爱情，莫过于我爱你的时候，你正好也爱着我。

就像村上春树说的："每个人都有属于自己的一片森林，迷失的人迷失了，相逢的人会再相逢。"李宗盛也曾说过："我从来不想独身，却有预感晚婚，我在等世上唯一契合灵魂。"一段好的感情一定是：你跟他在一起可以舒舒服服地做自己。

要知道，这个世界上，从来就没有完美契合的理想恋人，也没有对所有人都适用的爱情公式。现实中的爱情，只有冷暖自知的相互匹配，没有想象中绝美的海市蜃楼。

情感：别和消耗人生的人在一起

在这漫长的一生中，我们总会遇到很多人，而不论我们喜不喜欢他们。有些人，假如你和他待在一起感到身心俱疲，就趁早远离，因为你的人生经不起这样的摧残。

相信这样的体验对于大家来说都不陌生：和有些人在一起谈天说笑，你会觉得天也是蓝的，水也是绿的，一切都是那么美好，即便你心中愁肠百结，此刻也全不在你心中。时间过得飞快，你期盼着下次和他早日见面，而和另外一些人在一起，你却只能被满腹的牢骚所包围——无论是工作还是生活，朋友还是家庭，过去还是现在，抑或是将来，小到自己，大到国家，似乎他这一生就从来没有称心如意过。原来你还算明媚的心情，此刻也驻满了阴云，兴许你想就此远离这个人。

前者是让你感觉舒服的人，而后者是让你消耗人生的人。

要想远离消耗你人生的人，首先就要远离虚伪的人。

培根说，智者轻视的人、愚者感叹的人、讨好者敬仰的人都是同一种人，那就是虚伪的人，而这种人却臣服于自己的虚荣。他们擅长撒谎、讨好，当你春风得意时，他们对你曲意奉承，当你需要帮忙时，却根本找不到他们的人影。

如果结婚以后生活质量骤降，甚至经常陷入缺乏安全感的煎熬中，日子浑噩，没激情、没目标，那我们应该冷静地对这份感情说"不"。

真正的爱人，应该是一个能给你带来正能量的人，一个能让你对生活充满希望的人。

薇薇和阿文在一起很多年了，最初的激情与浪漫过后，现在他们的感情已经如同鸡肋。

薇薇说，刚在一起的时候，他们还有时间聊聊天，但是时间久了他们变得越来越忙，也就没有时间交流。比如，她想给他打电话时，他却在加班，而等到他给她打电话的时候，她却在开会。久而久之，两个人就越来越没有共同语言，到了最后，两个人面对面坐在一起，空气中只有安静。

令人疑惑的是，他们既然都不喜欢对方了，为什么不说出来呢？

她想了想说："可能在一起太久了吧，就算双方不说话，也习惯了。"

他们曾经是异地恋，热恋时，为了见对方一面，他们有时会半夜出发去对方所在的城市。

现在俩人住在一起，心却离得很远。

薇薇和阿文终是以分手收场的，对于这份爱情，他们都表现得太过冷静了。虽然双方就那样消耗了彼此的青春和感情，但这个世界上，哪里有无缘无故的爱，哪里又有无缘无故的不爱呢？爱情的美好和纯粹，不要被事业所影响，否则它一定会随着时间的推移慢慢变了味道。

就算分手了，薇薇依然会在某个瞬间想起阿文。她很想忘记，但每当走过那些他们曾一起走过的路，她还会觉得这条路上有他的影子。去他的城市出差，她还是会到那个不熟悉的饭店去点他喜欢的菜。爱是一种习惯，真正的忘记是不需要努力的。

不要和消耗你人生的人在一起，感情中最怕的就是相互拖着。我们听过很多爱与无奈，这样的爱是不可理解的，但是又有什么爱情是可以被所有人理解的呢？又有什么爱情是从开始到生命终止都在被不停地祝福的呢？我们每个人，大概都可以在别人的爱情故事里看到自己的故事。

如果你想要知道自己的感情中是否存在着不必要的情感

消耗，有一个很简单的方法，那就是在提及对方的时候，你想到的是对方的优点还是缺点呢？如果是缺点，那这份感情就是存在消耗的。

人最可贵之处正是"己所不欲，勿施于人"，换位思考常常可以让我们更容易与对方共情。其实不只是感情生活，在工作、学习和成长过程中，如果你总是跟消耗你人生的人在一起，那么你只会变得越来越不自信，每天都会感觉心累，对未来也无比迷茫，看不见任何希望；做什么事情都会往最坏处想，会不断地否定自己，让自己变得无比自卑。这大概就是所谓的跟什么样的人在一起，就会有什么样的人生吧！

选择：掌握这个定律，就能离开渣男的猎场

"婚姻是爱情的坟墓"，这句话很多时候被用来形容那些不幸福的婚姻，其根本论点是爱情与婚姻的现实差。其实，很多不幸的婚姻，都是因为太过于迷信爱情而强行组建的，最终导致悲剧的发生。

墨菲定律是一个很著名的心理学效应，它可以很好地解释很多不幸婚姻的前因后果，进而告诫人们规避不幸。

墨菲定律的主要内容可以归纳为四条：第一，任何事都没有表面看起来那么简单；第二，所有的事处理起来都会比你预计的时间长；第三，如果你担心某种情况发生，那么它就更有可能发生，会出错的事情迟早会出错；第四，你越担心，某种情况越有可能发生。

美琳和男友小凯三年的感情终于画上了句号。其实早在恋爱期间，小凯就对美琳很冷漠，不怎么回复她的信息，也

没有做到他答应美琳的事，在生活和经济上，还总是对美琳
非常依赖。

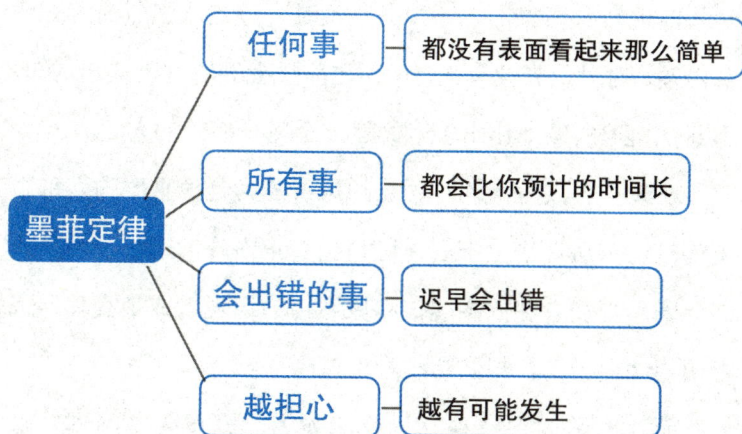

```
任何事 —— 都没有表面看起来那么简单

所有事 —— 都会比你预计的时间长

墨菲定律

会出错的事 —— 迟早会出错

越担心 —— 越有可能发生
```

　　在这段感情里，美琳搭上了自己的青春、金钱，可最终
却并没有收获什么。当男友对她冷漠时，她原本已经有所察
觉，可是内心的不甘却让她不愿意擦亮自己的双眼，也不愿
意去想究竟是因为什么，还自顾自地给男友找各种幌子，借
此宽慰自己。

　　虽然朋友不止一次提醒她，可是内心的不满却让美琳始

终不愿撒手，她不止一次为男友开脱，不停地葬送属于自己的人生。她的怨恨升级，把男友看得更紧了，一门心思想要给自己讨个公道。

人的双眼总是很容易被感情所遮蔽，身陷其中的人们无法果断地转身离去，在评判另一半时，总是从强烈的主观意愿出发，对对方赤诚有加，舍弃之前学会的所有道理和认知，不断把自己的领地让出去，俨然一个掩耳盗铃的人。

在爱一个人时，拥有独立的思考能力是很重要的。每个人都对这个道理谙熟于心，可是当真正面临考验时，太多人却会陷入当局者迷的困境，将原本错的道理看成是真理，或者明明知道错了，却假装没看见。

而在感情中保持独立思考的能力，究竟要做到哪几点呢？首先要保持真实的自我，其次，在感情中能够清楚地辨别是非黑白，站在一个旁观者的角度来理智地评判这段感情是否值得经营下去，在受伤时不要恋恋不舍，继续往前，而是及时转身。

面对美琳自我牺牲式的付出，美琳男友不感动也就算了，反倒觉得她粘人、难缠。虽然美琳也怀疑过男友有另外喜欢的人，可是当血淋淋的真相还没有摆在她面前时，她选择了蒙蔽自己的双眼。直到男友亲口告诉她这个事实，她才不得不接受。

当男友对她的态度时好时坏时，为了唤回男友对自己的爱意，美琳曾经寄希望于自己对他的关心，期望着有一天，她的深情会被男友看到，可是这样的付出终究是一场空，男友不仅离她越来越远，她的沉没成本也越来越高。

人的个性和感情观取决于多种因素，像原生家庭、生活环境等，想要通过某一个人的力量、在短时间内改变对方是很难的。一个人改变的前提，并不只是某个人的影响，更大程度上是由于其自身的成长环境发生了变化，他意识到自己的不足，并渴望有所改变，这种内在的驱动力才会真的改变一个人。

过度的自我牺牲是几乎不会引起对方的共鸣的，直白点来讲，就是对方想要的是梨，而你给的却是苹果。一味地沉浸在自我牺牲的奉献感中，不但不利于感情的发展，还会让自己愈发不甘，积压更多的不满。如此一来，你努力的程度越高，你自我感动的程度就越高，而你不甘心的程度也就越高，这样日复一日地循环下去，你也将难以保全自己。

很多人会发出这样的灵魂拷问，为什么对方看不到我的付出，我都已经对他这么好了，他依然不爱我？无论是生活，还是人际交往，还是感情，都讲究一个礼尚往来。让一个原本就不爱你的人回馈你对他的付出，这原本就是异想天开，与其这样整日沉醉在幻想中无法自拔，还不如早日转身离开，降低沉没成本。

看人：三个维度，判断对方能否靠得住

人们常说，在感情当中不要轻易相信一个人，因为当你轻易相信一个人的时候，很容易被他伤害。爱得越深，当你们两个人分开的时候，你受的伤害就越大。

但很多时候，当你真正爱上一个人的时候，很多事情是不受你自己控制的。爱了就是爱了，陷进去了就是陷进去了。到那个时候，你会发现，不管身边的人如何劝你，你依然陷在这段感情中走不出来。

如果在结婚之前，你们之间的感情就已经出现了各种各样的问题，那你最应该做的就是及时止损。当然，比这更重要的是，在选择开始一段恋爱前，你就要擦亮眼睛好好看人，看看眼前那个人究竟能否靠得住。

小蕊的男友平日里对她一直不错，尽管两人偶有争执，但是总体来说，这个男人给小蕊留下的印象还是靠谱的。可是最近发生的一件事改变了她的看法，让她的内心有所动摇。

前几天夜里，小蕊不知怎么的失眠了。她躺在床上翻来覆去，各种方法都试过了，可还是睡不着，便实在忍不住，决定给男友打个电话聊聊天。

让她始料不及的是，在手机响了十几声以后男友终于接听了，可是她还没来得及说什么，对方便非常不悦地开口了："大半夜的，你还让不让人睡觉了？我明天要早起上班，你不知道吗？"小蕊原本满怀希望的心也被这一盆怒火浇得透心凉。

事后，男友这样对她说，自己并不是有意把火发在她身上的，而只是当自己睡得正香时，有人打扰自己，他会非常不爽。可是在小蕊看来，这样的男人不要也罢，最起码如果以后结婚了，根本指望不上他会疼老婆。

只需要一通深夜的电话，就可以判断出一个男人会不会疼老婆，会不会顾家。真正把你放在心上的人，在接起电话的那一瞬间，一定会担心地问你是不是发生了什么不好的事，你怎么这么晚还没睡，而不是一脸厌烦地质问你为什么要吵醒他。

如果一个男人因为被惊扰了美梦就对你大发雷霆，那这样的男人肯定很自私，凡事只想到自己。

这就是看人的第一个维度——人品。

在选择伴侣之前，你一定要牢记，人品大于态度，大于金钱。

人品

对金钱和家人的态度

对异性的态度

1

2

3

很多人在还没有找对象时，保持着比较高的生活水准，身边的追求者也不少。可是，当他们在选择伴侣时，往往因为一时的鲁莽，而把自己托付给了那个不对的人。

结婚以后，他们的日子充满了争吵，每天面对的都是鸡毛蒜皮的琐事。假如是这样的情况，那这样的感情还有什么经营下去的必要？

看人的第二个维度，就是看一个人是如何对待他的家人和金钱的。

从某种意义上来说，一个人如何对待家人，他以后就会如何对待身边的伴侣。

如果他孝顺家人，而且并不是一味地听从，有自己的主张和观点，那么这个人从整体上来说还是比较不错的。

与此同时，从某种意义上来说，一个人如何对待金钱，就可以反映出他有多大的野心和欲望。假如在这个人心中，金钱排在第一位，你还比不上金钱，那么当你和他在一起时，你就要加倍小心了。

其实，看一个人是否靠得住，就是看他对异性的态度，看他能否给你安全感。

在一段良好的感情当中，安全感是定海神针。当你爱上一个对的人的时候，你跟他在一起时，完全不用担心他会出轨，不用担心他的心意会发生变化，因为他的言行举止早就已经给你吃了定心丸。

第四章

婚姻生活，做靠谱的伴侣才贴心

契约：有责任感的伴侣才靠谱

改编自真人传记的电影《盟约》，是一部讲述爱情和婚姻的作品。但凡看过这部电影的人，都会为主人公吉姆和克瑞基特催人泪下的生死爱恋而感动。

不过，比起对故事的感动，我觉得这部电影想要传达给观者的信息更为重要——有关婚姻的真谛：比起激情和浪漫，人类的婚姻，更需要的是一份对彼此负责、对爱情负责的承诺。我们羡慕这样的婚姻，也期望自己可以拥有一个靠谱的伴侣来共度余生。

在身边人眼中，子沫就是一个女强人的样子——她毕业于国内某知名大学金融系，学习成绩数一数二，毕业时获得了全额奖学金和赴美留学的机会，之后又成为华尔街炙手可热的女投资师。这样的她，要钱有钱，要房有房，要车有车，几乎就是一个现实版的金融女精英。

就在朋友们都觉得子沫会朝着她们预期的方向发展时，一个令她们难以置信的消息轰炸了微信群："子沫要回国，并且要结婚了！"

对于这个消息，子沫的好闺蜜阿美是难以接受的。看到消息的下一秒，她便给子沫打去了视频电话。

"嗨，亲爱的，你是来祝福我的吗？"视频那头，一脸幸福的子沫开心得手舞足蹈。

"子沫，结婚这件事，你真的想清楚了吗？"阿美一字一句地问。

"当然！"子沫笑着说。

"可是婚姻并没有想象中那么美好啊！"说完这句话，阿美突然失声哭了出来。

看到伤心痛哭的阿美，子沫并没有感到惊慌，因为三天前，同样是一通跨洋视频，痛哭流涕的阿美告诉子沫自己离婚了。

原来，作为子沫的闺蜜，阿美也曾是一个非常出色的女孩。当年她和子沫一同获得了留学机会，但是，为了和当时的男朋友，也就是她后来的老公在一起，阿美放弃了留学机会，留在国内和男朋友一起创业，并且两人很快就步入了婚姻的殿堂。

然而，美好的爱情就像晶莹剔透的雪花一样，很快就消融了，而婚姻，像人们所说的那样——"是爱情的坟墓"。

结婚的第二年，阿美和老公的感情就出现了问题。那时，他们的创业仍处于较为艰难的阶段，老公就像是变了个人似的，没有了往日的奋斗激情，甚至有点自暴自弃。

阿美感到非常伤心，几乎每天以泪洗面，甚至有时候她会想：难道是结婚这件事改变了我们？如果当时没结婚，我们是否还会像以前那样呢？

然而，这还不是最糟的情况，就在阿美夫妇最困难的时候，上天又扔给他们一个考验——阿美怀孕了。

得知这个消息后，阿美的老公选择了逃避，他说："现在我连自己都养不起，哪有能力再养一个孩子？"

就是这句话，让原本对老公抱有期望的阿美彻底死了心。就像当初决定结婚时那样，阿美以速战速决的态度，结束了这场令她心碎的婚姻。

其实，对于阿美的遭遇，子沫是同情并理解的，这件事多多少少对她的婚姻观有所影响。然而，当子沫遇到自己的未婚夫时，她突然明白：这个世界上，还是有好男人的，而婚姻这件事，还是值得期待的！

子沫之所以如此坚信，是因为她的未婚夫是一个有责任心的男人，他理解并支持子沫的工作，对于子沫的每一个决定，他都会持尊重和理解的态度，特别是对于结婚这件事，他用自己的实际行动向子沫作出了承诺。无论是物质方面还是精神方面，这个男人都以足够的责任心去对待子沫。

子沫说："遇到这个男人后，我才明白爱情和婚姻是可以共存的。一个靠谱的男人，必定是有责任感的，他会包容自己的伴侣，也会珍视自己的情感，更会经营彼此的婚姻。"

当然，婚姻中的靠谱是一个双向指标，并不单单指向男方。不论是男性还是女性，只有足够靠谱，才能用心维护自己的婚姻和感情。夫妻双方，就好比一双筷子，只有合二为一才有价值，如果缺少了任何一方，那么这双筷子永远都无法使用，而这份婚姻也就永远无法获得幸福。

婚姻

契约精神

相爱　　延续生命　　保护

法学家威特曾说："从前，人们认为理想的婚姻是一个永久的盟约，这个约的目的是彼此相爱、延续生命、彼此保护。"是啊，哪个人不曾对婚姻抱有美好的幻想？哪个人不曾期望有一个懂得爱的人相伴一生，两个人共同努力去经营一段美好的婚姻？

即使现实再不堪，我们也应该对婚姻这件事抱有期待。其实，婚姻就好比一块巧克力，有甜的滋味，也有苦的滋味。品尝甜味的时候，我们是喜笑颜开的，而在品尝到苦味时，有的人会表现出厌恶的神情，甚至会丢弃这块巧克力，但也有人会笑着说："巧克力苦点没事，不行就往嘴里加点糖吧！"

婚姻是座桥，一头牵着妻子，另一头牵着丈夫，只有夫妻双方共同使力，婚姻这座桥才能保持平稳，而一旦双方中的任何一方偷懒松懈，这座桥就会失去平衡，甚至断裂。

当婚姻出现问题时，我们应该笑着面对，而不是急于脱身。一个在婚姻中有责任感的人，会在遇到问题的时候静下心来，好好审视自身，看看这段婚姻究竟为何出问题。而这，才是婚姻中的夫妻该有的样子。

空间：有些距离，婚姻才会有幸福感

人与人之间必须保持一定的距离，即便两个相爱的人也不例外。

这个道理非常简单，无论多么相爱的两个人，仍然是两个不同的个体，永远不可能变成同一个人。即使存在这种可能，两个人变成一个人也是不可取的。

很多亲密关系之所以疏远或破裂，就因为难以保持这个必要的距离。一旦没有了距离，美感、自由感、分寸感便会丧失，随之丧失的是彼此的尊重和理解，最后是感情。

阿鸿是我的一位来访者，她意识到自己和丈夫的关系即将结束。但令人难以置信的是，他们的关系不是因为不够亲密，而恰恰是太过亲密。

在过去的几年时间里，阿鸿一直都希望和丈夫待在一起。两个人在一起的时候，阿鸿不希望丈夫离开自己的视线，他们经常手挽着手一起逛街，一起分享食物，还要共享手机上的信息。两个人不在一起的时候，阿鸿每个小时都会给丈夫打电话，只是想知道他在干什么，即便知道他有事情要忙。有时，她会在下班时准时出现在丈夫公司门口，会询问丈夫见了什么人或者做了什么事……

"我就是因为太喜欢他了，难道喜欢一个人不就是这样吗？"阿鸿解释道，"可他却说自己有点累，有点烦，现在他总说工作没忙完，要在公司加班。而且我一靠得太近，他就会有意识地躲我。"

······

对于阿鸿来说，爱情的最好状态是，无时无刻不黏在一起。阿鸿如此"抓住不放"的状态是不是似曾相识？你身边有没有这样的人？或许你就是这样对待另一半的？

明明到了如胶似漆的地步，却隐隐觉得对方和自己不够亲近。明明两人的生活距离很近，可心理距离却渐行渐远。这往往不是真的感情变淡了，而是你们还没找对合适的心理距离，做出了一些超越合理距离的事情。

比如，你天天翻查对方的手机，盘查对方每天的行踪等，你认为这是情侣之间再正常不过的事情，可以增进彼此之间的了解。但是恰恰是这种高密度的情感接触，长久亲密无间的关系给彼此造成了巨大的压力，这种压力就来源于人际距离和私人空间的萎缩所造成的反弹以及审美疲劳。

即便是夫妻关系，也是需要私人空间的，也需要保持一定的距离。

爱一个人本身没有错，但不懂得保持一定的距离，希望时时刻刻黏在一起，甚至试图干涉对方的自由。毫无疑问，这是以占有的方式去爱，去限制、束缚和控制爱的对象。告诉对方"我爱你才会如此"，这不正是以爱之名强加给对方的无形枷锁吗？这样有失分寸感的两性关系，会幸福才怪。

处于热恋期的双方，往往都会尽力向彼此靠近。但是每个人对于亲密关系的心理距离的诉求是不一样的，热恋期过后，有些人没有办法接受距离过近造成的自我空间压缩所带来的不适感，就会适当地将距离稍微拉远。这不是不爱，其实，更多的可能是，他回到了令自己舒服的那个距离。

因此，两个人无论怎样亲密，也必须保持一定的距离。这个距离其实就是我们常说的亲密有间。"间"并不是要你离对方远远的，而是承认、尊重和保护对方的私人领地，给对方留足个人空间，任由对方自由地发展，既不窥探，也不追问，这样的关系才是令人心情舒畅的。

关于两性关系，周国平曾经做过一番深刻的论述："相爱的人给予对方的最好礼物是自由。两个自由人之间的爱，拥有必要的张力，这种爱牢固，但不板结；缠绵，但不黏滞。没有缝隙的爱太可怕了，爱情在其中失去了自由呼吸的空间，迟早要窒息。"

虽然和自己喜欢的人一直在一起，是一件特别幸福的事情，但是如果你渴望好的亲密关系，首先需要给自己提前敲个"警钟"，你所爱的那个人也有自己的感情需求，不要时时刻刻黏着对方，学会保持一定的距离，给予对方一些自由的空间，属于对方自己的空间，去做喜欢的事情。

当难以控制自己"黏"对方的欲望时，你可以适当转移注意力，比如去做自己的事情，和亲朋好友聊聊天，安安静静地睡一觉，利用各种方法合理疏导情结，令其得到释放。

在亲密关系中，也许你要求的心理距离非常近，而对方渴求的距离却没有那么近，那么试着去了解让对方感到舒适的心理距离。

比如，你以为黏人是爱的表达，说不定在对方眼中，这种过于亲密的距离实为你对他的过度控制。那么你可以问问他，你怎么做他才会觉得舒服；同时，你也可以表达黏人的原因，"我心情有些糟糕，希望你能陪陪我""其实，我只是害怕失去你"……希望他在某些时候可以满足你的需求。

　　再比如，你可以鼓励对方需要空间的时候，跟你提前打声招呼，或者说明原因。

　　找到让彼此都舒适的心理距离，给对方留个舒服的空间，两颗心才可能越走越近。

　　美国著名婚恋情感专家埃丝特·佩瑞尔认为，人们对于亲密和独立的需求是同时存在的，绝非只有一种需求。

　　以下三种模式哪种更好呢？

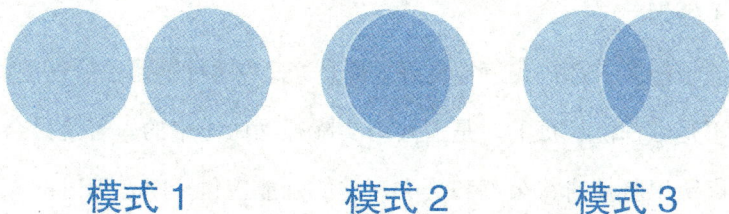

模式 1　　　　模式 2　　　　模式 3

　　模式 1：两个人是完全独立的个体，零交集。

　　模式 2：两个人过度融合，彼此的个人空间却很少。

　　模式 3：双方保留适度的个人空间，但建立亲密的情感联系。

　　研究表明，在那些持续十年以上、亲密又稳定的婚姻关系中，夫妻的相处方式都是模式3。

在情感模式中，有三样东西很重要：保留自我、两个人紧密联系、保留和创造距离。这是两个人最好的相处模式，是理想化的模式。

世界上没有完美的人，所以也没有完美的婚姻。当婚姻出现问题时，需要去修复，但是只修复是不够的，如果你不打算原谅对方的错误，那对方做什么都是无用的。有时候，与其说是对方的错误毁掉了婚姻，不如说是你的不原谅毁掉了婚姻。

很多人都自我感觉良好，可是"好"的标准是很广泛的，不是谁都能评价的，是需要用实际行动做出来的。若是只会虚头巴脑地对待公婆和丈夫，这的确能应付一时，但时间一长就会露出马脚，别人对你的印象便会大打折扣。

想要得到美好的家庭生活，就需要用心经营。想要幸福地生活，就需要保持自己对待这段感情和婚姻的真诚。只有这样，将心比心，夫妻双方才能渐渐地磨合到一起，拥抱幸福。

承诺：所有的情难自禁，都是不想"禁"

　　婚姻就是一纸契约书，上面写满了责任和义务。既然是夫妻，你得到"丈夫"或"妻子"这个称呼时，要用与之相配的责任与其呼应。

　　曾读过唐代著名诗人张籍的一首诗：

　　君知妾有夫，赠妾双明珠。

　　感君缠绵意，系在红罗襦。

　　妾家高楼连苑起，良人执戟明光里。

　　知君用心如日月，事夫誓拟同生死。

　　还君明珠双泪垂，恨不相逢未嫁时。

　　这首《节妇吟·寄东平李司空师道》讲述的故事非常简单，一个男人追求一个有夫之妇，赠送了她一双明珠来表达自己的爱慕之情。这位有夫之妇收到明珠之后，或许也是对这名追求者有些许心动的，但她始终记得自己的身份，于是只能含泪拒绝了这份爱慕之情，唯余一声遗憾的叹息："恨不相逢未嫁时。"

人有理性的一面，也有感性的一面，人的情感有时是难以控制的，尤其是爱情。很多时候，哪怕理智一直在旁边提醒、叫嚣，我们也始终无法掌控自己的心动，明明知道对方不是良人，却也难以控制感情的滋生、疯长。

但人与动物最大的不同，就在于人懂得自控，懂得节制自己的欲望，控制自己的行为。而不是枉顾一切道德、礼法、责任，只凭本能去做事。就像诗中的那位已婚女子，她或许无法控制自己因爱慕者而心动的那份情感，但她却能束缚自己的行为，在错误开始之前就将之斩断。

人最可贵的分寸就是对自我的把控，知道什么事情能做，什么事情不能做。爱情是美好的，但这不代表爱情就能理所当然地凌驾于道德与责任之上。

李莎从未想过自己会有这样一天：丈夫的出轨对象趾高气扬地站在她面前，理直气壮地劝她离婚，让她不要"死皮赖脸"地做他们爱情路上的"拦路虎"。那一刻，李莎仿佛看到了多年前的自己。

是的，多年前李莎其实也是第三者上位的。那时候，她也是这样理直气壮地站到了丈夫王玮的前妻面前，甩下一句："在爱情里，不被爱的那个才是第三者。"

那时候的李莎年轻又天真，满脑子都是"恋爱大过天"，哪怕明明知道王玮是有妇之夫，也依然不管不顾地扯着"真爱"的大旗，和他勾勾缠缠。就连被人指着骂"小三"，也并不觉得自己有什么问题，仿佛这世间的一切都该因"真爱"而让路。

而现在，直到李莎自己尝到了被丈夫背叛的滋味之后，才猛然惊觉，这份枉顾责任与道德的所谓"真爱"，根本就没那么伟大。出轨就是出轨，背叛就是背叛，再大的遮羞布，也不能掩盖这段不道德关系的肮脏。

在很多影视作品中，都出现过类似这样的情节：

男方或女方出轨之后，被恋人撞破，往往都会摆出一副痛苦又纠结的样子，高呼自己是"情难自禁"才犯下了许多人都会犯的错。

可人的感情并非一蹴而就的，对一个人产生深沉的爱恋，必然是经过了无数个日日夜夜的积累与沉淀而成的。若是心中时刻牢记道德与责任，在错误的感情萌芽之初，就立即采取行动，与对方保持距离，又怎么会有什么情难自禁呢？说到底，只不过是从一开始就没想过要"禁"罢了。

喜欢是放纵，但爱是克制。若是真的深爱一个人，又怎会忍心做出伤害对方的事情呢？你若爱一个人，会忍心让他背负世人的骂名，在他身上烙下"第三者"的罪责吗？而若是你连这点克制都没有，那么这份所谓的"爱"又有多少含金量呢？

一位老教授曾给我讲过一段发生在他身上的真实故事：

那是他年轻时候的事情了，那时他在一所女子中学教书，认识了一个漂亮而聪慧的女学生。他和那个女学生非常投缘，虽然他们之间的年岁相差了十余年，但却在彼此身上感受到了灵魂的共鸣。

他们之间总有说不完的话，从诗词歌赋谈到人生哲学，每每总能在彼此身上获得新的灵感，新的激情。那种灵魂的碰撞，心有灵犀的触动，是他从前未曾在任何人身上感受过的。

起初，他只将那名女学生视作自己的得意弟子，但在日复一日的相处中，在女学生羞涩又热情的亲近下，这份感情渐渐变了质。然而，那时候的他早已经有妻有子。妻子于他恩重如山，曾替他操劳十年，侍奉父母；儿子年岁尚幼，正是需要父母照顾和引导的时候。

在理智与情感之间，他曾痛苦挣扎，也想过要不顾一切地爱一场，毕竟此生或许不会再遇到一个如她那般的知己。

但他还是克制住了自己。他无法违背自己的良心，丢下自己的责任，他也不舍让女孩背负骂名，留下洗不去的污点。

最终，他辞去了学校的职务，从此没有再见过那个女学生。

老教授说，在往后漫长的人生中，他果然再也不曾遇上过一个如那般心有灵犀的知己。午夜梦回之际，他曾无数次地想过，若当初自私一点，会不会人生就不那么遗憾。但每每想过之后，他便都觉得，自己当初的决定，可真是英明极了！

人非禽兽，除了本能之外，还有理智。

那些枉顾伦理道德，行苟且之事的人，与其说什么"情难自禁"，倒不如说是禽兽不如！克制是爱情最美的样子，那些连一分克制都无法做到的人，他们所谓的"爱"也不过是茶余饭后的消遣罢了，廉价而浅薄。

经营：不抱怨，营造家庭的温馨与和睦

　　抱怨本身就是一件没意义的事情，与其纠结和深陷消极情绪中，不如顺其自然，去解决问题。罗曼·罗兰说："只有把抱怨的心情转化为上进的力量，才是成功的保证。"

　　生活不可能事事如意，每个人都有不称心的时候。假如一个人像祥林嫂一样不停地诉说自己的不如意，那就是在抱怨。一个人极易把抱怨当作逃避的理由，让人斗志全无，也极易让别人也深受影响，让人离你远远的。

　　每个人都是在生活中负重前行，与其抱怨个不停，还不如尽心打造一个更舒适温暖的家庭环境。

　　家，对每一个人来说，好比一个温暖的港湾。无论你走得有多远，家都会在你伤心难过的时候，给予你温暖的拥抱，也会在你遭受风雨打击的时刻，为你遮风挡雨，让你免受伤害。可以说，家是一个人驰骋于天地之间的保护伞。有家的

守望，那些远行的孩子才会有力量，才会走得更远。

　　著名的语言学家、文学家季羡林先生，除了在学术上造诣超高外，也是一个非常懂得经营家庭和生活的智者。季羡林先生和自己的妻子彭德华一直都是众人眼中的恩爱夫妻，两个人的婚姻和家庭生活和和美美，堪称夫妻相处的典范。

　　然而，即使是再恩爱的夫妻，也会有争吵的时候。这一点，季羡林先生亦如此，他还曾打趣地将家庭生活中的矛盾比作锅碗瓢盆的磕磕碰碰，说这是在所难免的。"家庭中虽有夫妻关系、亲子关系、血缘关系，但是，所有这些关系，都不能保证温馨气氛必然出现。俗话说，锅碗瓢盆都会相撞。"这是季羡林先生的原话，而他也曾在《温馨，家庭不可或缺的气氛》中向读者透露过自己经营家庭生活的秘诀，那就是营造温馨和睦的家庭氛围。

　　诚然，每个人都是独一无二的，无论是个性、爱好、习惯还是品性，都各不相同。两个人相处久了，难免会出现争执的状况，此时，要想继续维持这段关系，就要学会去营造温馨和睦的氛围，让彼此之间的不满和怨气随之化解。这样，两个人的相处才能长久。

　　当然，温馨和睦的家庭氛围并不是轻而易举就能营造的，季羡林先生对此提出了真与忍的准则，所谓"真者，真情也。忍者，容忍也"。若能做到"真"和"忍"，那么你的家庭氛围就离温馨和睦不远了。

俄国著名大文豪列夫·托尔斯泰曾在《克莱采奏鸣曲》中写过这样一段话："我们像两个囚徒，被锁在一起彼此憎恨，破坏对方的生活却试图视而不见。我当时并不知道99%的夫妻都生活在和我一样的地狱里。"

这段话是托尔斯泰对自己和妻子婚姻关系的坦白，虽然他在文学上获得了至高无上的荣耀和地位，但他的家庭生活是失败的。

1910年10月28日清晨，82岁高龄的列夫·托尔斯泰选择冒雨离家出走。9天后，他孤独地客死在俄罗斯一个小车站的木房里。

在写给妻子索菲亚的告别信中，他是这样写道："过去我在奢华的环境里生活，现在我不能再这样继续下去了。我要远离红尘。在快要离世的日子里一个人独处。请你理解我，如果你知道了我住的地方，也不要来找我。"

1862年，托尔斯泰与17岁的索菲亚结婚。索菲亚是沙皇御医的女儿，家境十分优越，而她也从小养成了有些蛮横霸道的性格。和托尔斯泰结婚后，索菲亚先后为他生育了 13 个孩子。他们大部分的家庭时光和婚姻生活都过得很不错，至少是幸福的。索菲亚帮助托尔斯泰管理庄园，而托尔斯泰则全身心地进行文学创作。期间，托尔斯泰创作出《战争与和平》《安娜·卡列尼娜》等传世之作。他的每一部作品都要修改很多次，索菲亚也会帮他做誊清和保存文稿的工作。

可以说，在这段时间里，索菲亚真正地守护了托尔斯泰。她是个既聪明又有着旺盛精力的人，组织能力和文学鉴赏力也相当卓越。她不但高效打理好了这个有着 1 个伟人、13 个孩子、辽阔的土地、大量的农奴和仆人、往来不绝的亲戚和门徒的大家庭，还誊写和保护丈夫的手稿，是让托尔斯泰终身受益的得力助手。

然而，幸福似乎并没有永久地停留在托尔斯泰和索菲亚身边。就在结婚的第七年，两人的关系发生了一些变化。索菲亚本来就是一个嫉妒心很强的女人，她嫉妒丈夫婚前来往的女人，后来甚至嫉妒他身边除她之外的每一个女人，其中就包括她的妹妹、她的女儿、丈夫的女编辑等，而这种嫉妒随着二人婚姻生活的持续，变得越来越强烈，甚至有点难以控制。

每当索菲亚的嫉妒发作时，她和托尔斯泰之间就免不了一场大战。除了争吵，索菲亚表达情绪的方式包括离家出走甚至以命相搏，如溺水、服毒、卧轨、冻死等。可想而知，对于这样的家庭氛围，托尔斯泰简直厌烦透顶。所以他才会选择在那个阴雨绵绵的清晨离家出走，以此来逃离这令人窒息的家庭和婚姻。

虽然每个家庭中都会有争吵，但像托尔斯泰和索菲亚这种已经成为家庭生活常态的争吵，着实令人恐惧和窒息。这就好比一直生活在水深火热的困境中，没有片刻喘息的机会。

家庭生活和婚姻关系中之所以会有争吵，其实主要是因为抱怨的出现。如果为了一丁点小事，就开始抱怨这抱怨那，那一场争吵是免不了的。

要知道，在婚姻生活中，抱怨犹如搬起石头砸自己的脚，于己不利，于事无补。学会放下怨言，拥有海阔的心胸，才能有温馨和睦的家庭。

就像三毛说的："让那永不醒觉的人自生自灭好了，如果他们抱怨，我们把耳朵塞起来。因为，他们不肯对人生、对世界、对生命，有一丝一毫感激的心。"

当婚姻遇到困境时，我们大部分人的本能是选择逃避，毕竟逃避看起来更容易。选择避而不谈、视而不见，不过是要知道，既然已经出现了问题，假如你逃避，对它视而不见，它并不会消失，不管你愿意与否。不要等到问题累积太多，不得不爆发时才去解决，到那时，你可能会不堪重负。

事实上，此刻我们必须停下来，冷静地分析自己身上的优势和劣势、长处和不足。此外，还需要对手头的资源和客观环境进行大概的了解。唯有如此，我们才能对现状有一个清晰的认知，不至于像一只无头苍蝇一样，东撞西撞一头雾水。也只有这样，我们才能够顺利找到摆脱困境的出路。

取舍：抓大放小，感情无须斤斤计较

其实很多时候，爱人之间就因为 10% 的不可控事件，触发了剩下的 90% 的可控事情，从而导致了分手。

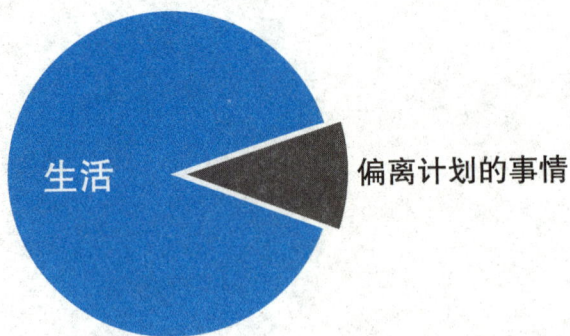

很多年轻人羡慕老一辈人的婚姻和情感，觉得他们的爱

很纯粹，过得很幸福。事实上，婚姻和情感都是需要经营的，两个人在一起，柴米油盐酱醋茶，多多少少都会有矛盾和争吵出现，有时还会互相揭对方的短，计较和数落对方。能不能化解这些问题，其实在一定程度上决定了这段婚姻和情感能否幸福。

不要在情感中计较得失，要学会经营，懂得抓大放小。

H 小姐跟老公结婚十年，他们两个人经历了很多事，如创业失败、孩子出生、老人患病，生活一地鸡毛。但他们克服了这一切，努力经营着这段感情。

不过他们两人最大的问题在于 H 小姐在老家有一份很好的工作，就留在了老家。姐姐也会时常来帮着带孩子，丈夫则在异地有更好的发展，就去了异地。

因为分隔两地，H 小姐失去了安全感，变得患得患失、敏感多疑。于是两个人的矛盾越来越多，只要对方漏接电话，就会引来一连串的灵魂拷问。

渐渐地，丈夫开始厌倦了这样的争吵，于是提出了离婚。

H 小姐感到非常痛苦，于是跑去求助婚姻咨询师。"是因为他不够爱我吗？为什么这么多年的感情，说不要就不要了。"这是 H 小姐心中最想问的。

然而，婚姻咨询师反过来问她："你是怎么界定爱的呢？

爱这个东西是最难界定的，综合梳理之后，我发现你们之间的问题的根源在于异地，现实情况导致你们感情出现了偏差。如果他回来发展，你们的感情不一定会有问题，你没考虑过去那边上班吗？"

H 小姐说："他从来没提过要回来上班，我想看看，他会不会为了挽回我，回来工作。如果他愿意，我就直接去找他了，也不想要他回来。"

"既然你也有过去找他的想法，为什么还要在中间穿插这个环节？结果现在婚姻都被弄得破裂了。"婚姻咨询师冷静地说。

事实上，像 H 小姐和她老公这种情况在情侣中更多见一些，夫妻之间却比较少见。某些男人和女人，想看看对方的决心，会在对方做出一定行动之后，才做出相应的行为。倘若 H 小姐的丈夫回来，在老家不一定能找到好的工作，这也会让对方觉得自己被牵着鼻子走了，会引起对方的负面情绪。

其实 H 小姐的表现，也揭示了一个心理学效应：心理账户效应。

什么是心理账户效应？

这个概念是由查德·塞勒教授提出来的：假如今晚你做

好了去听一场票价为 200 元的音乐会的准备，可是当你正准备出门时，却发现你才买的价值 200 元的电话卡不见了。那么你还会去听这场音乐会吗？实验结果显示，大部分都给出了依然去听的答案。

可是如果改换一下情况——假如昨天你买这张音乐会门票花了 200 元。当你正准备去看时，却发现门票没见了。假如你想要听音乐会，就不得不再花 200 元买张门票，你还会去听吗？大部分人最后给出的答案都是不去了。

大家仔细看看，上面这两个回答其实是自相矛盾的。

无论丢的是什么，电话卡也好，音乐会门票也好，反正是价值 200 元的东西不翼而飞了，如果只是看损失的金钱，二者并无二致。

为什么结果会截然不同呢？就要从大部分人的心理账户中找原因了。

人们把电话卡和音乐会门票不自觉地在脑海中进行了归类，使其进入不同的账户，即便电话卡丢失了，音乐会所在的账户的预算和支出也不受影响，大多数人仍然会去听音乐会，可是不见的音乐会门票和之后得再次掏钱购买的门票进入到同一账户中，因此从表面上来看，你听一场音乐会似乎花了 400 元。人们自然会觉得太不值得了。

你的心里会有一本小账本，也就是说，你会开始去计较。你会去衡量你的行为所需付出的成本和得到的收获是怎么样的。这样的心态用来做事业，其实没问题，但若是放在情感中，就会显得势利，感情也会随之变质。

要知道，感情中，一旦开启了计较的模式，就会让你把初衷都忘了。一开始：我爱你，不管发生什么都要在一起。后面变成了：你得先证明爱我，我才会爱你。这样的爱情，其实早在计较中变质了，两人不再是相互依赖和付出的人，反倒变成了你计较我、我计较你的陌生人。如果眼里只有个人的得失，哪里还能想起爱情的甜蜜呢？

想开：难得糊涂是一种智慧

　　在当今这个社会，只有懂得隐藏自己锋芒的人，才能更好地保护自己，不让别人有羡慕和嫉妒之心，也不会遭到别人的反感。

　　美国有两家规模差不多大的公司，总裁分别是罗伯特和史蒂夫。

　　罗伯特非常精明、高瞻远瞩，对于 2008 年的金融危机，他早就有所意识。他预测，美国有三成的公司会走向破产，像他经营的这家小公司，自然也难逃厄运。因此，他决定解散公司，这样不至于让自己和员工血本无归。

　　史蒂夫则刚好相反，不仅不擅长算计，还会让人觉得憨憨的、傻傻的。他觉得未来是充满变数的。即便有人给他看世界上十全十美的计划，他也会打一个问号，因为未来还在来的路上。他觉得，自己的公司只要存在一天，他就会让这一天好好地撑过去。

让人没想到的是，在经历了那场全球金融危机以后，他的公司竟然活了下来。

到最后，擅长算计的人解散了公司，而不会算计的人的公司却越办越红火。

其实，这就是人生。很多时候，相比知道，相比灵通，相比精明，它们的反面却都要好一些。人们时常所说的难得糊涂就是这样的。在大事上秉承原则不放松，是非分明，识大体、顾大局，清醒、理智、惩恶扬善，在小事上不斤斤计较，包容、大度。这不但是一种谋略，更是一种英明之举。

可是，保护自己并不是一味地骄纵自身，更不是漠不关心、无动于衷，而是一种警示，是一种层次更高的生活，是一种心胸。它是名副其实的举重若轻。难得糊涂就要懂得放下，在生活中打破执念，不需要时刻保持清醒。

聪明的人，往往更懂得谦逊，懂得示弱、低头，把别人当作学习的榜样，而不是故作坚强，把自己当作十项全能，凡事都要强过别人。真正厉害的人，会承认别人比自己强，会学习别人的长处。而那些愚蠢的人，往往争强好胜，不服输，认为自己天下无敌。"自以为是"往往会摧毁一个人，使人变得目中无人，最后自己把自己坑害了。

芊芊就是一个不懂得糊涂之道的人，换言之，她是一个自认为非常聪明的人，无论做什么事都要斤斤计较，不管和谁来往，都不会吃一点亏，甚至有时候还要占别人的便宜。

芊芊的这种性格不仅体现在工作中，更明显地暴露在她的婚姻关系中。只要她老公犯一点错，她就会发现，并且揪着不放，斤斤计较。此外，她还严格管控着家里的财政大权，老公花的每一分钱都要跟她交代清楚，如果没有说清，她会想办法弄个明白。

她这样的性格老是成为两个人吵架的导火索，几年以后，他们就黯然分手了。自那以后，她就变成了单身，她这一点也不受后任对象的喜欢，因此她一直都是一个人。

除了婚姻的失败，芊芊的自作聪明也使她的工作处处受挫。可以说，她的人生算是被自己的小聪明给毁了。

在婚姻中，要懂得揣着明白装糊涂。没有人是十全十美的，犯错在所难免。当对方犯了一些无伤大雅的小错误时，我们可以睁一只眼，闭一只眼，不需要掰扯得那么清楚明白，你所以为的聪明只会成为伤害你们两人之间感情的利箭，不管怎么样，在婚姻中，两个人处在相同的地位，要以尊重为前提。幸福的婚姻离不开偶尔的糊涂。

那么，我们该如何做到难得糊涂呢？

　　难得糊涂的意思是"该糊涂时糊涂，不该糊涂时决不糊涂"。大家都是成年人，对待事情都有自己的判断，一旦你耍小聪明，别人都能够看出来，虽然他们表面上不会拆穿你，但是内心一定会对你有看法，等你需要大家帮助的时候，没有人会帮你，也不会有人来与你结交，最后你还是孤苦伶仃一个人。

　　当然，我们说装糊涂，并不是说要活得软弱。相反，这么做是要让我们活得透彻，不需要那么精明，傻一些，才会活得更轻松。

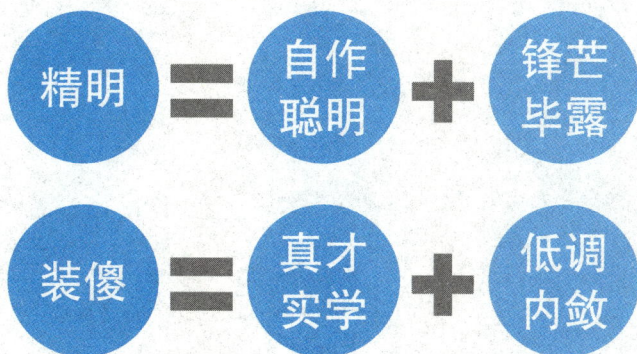

精明 ＝ 自作聪明 ＋ 锋芒毕露

装傻 ＝ 真才实学 ＋ 低调内敛

　　古语云："水至清则无鱼，人至察则无徒。"意思是说，水太清了，鱼就没法存活，人太精明了，就没朋友了。因为精明的人通常算计太多，在与人相处中，总想尽办法不许自己吃亏。你不愿意吃亏，而他人也不愿意和你在一起的时候老吃亏，因此，相处久了，一直吃亏的人当然会想尽办法地远离你。

事实上，难得糊涂是做人的最高智慧和修养。俗话说，聪明反被聪明误，人若精明，的确能占得不少便宜，但太过精明，别人也必定会加以防范。所以，做人不能太精明、太计较，平时糊涂一点，给人留有余地，才是共赢之路。

第五章

认知升级，努力活成靠谱的自己

态度：你怎样对待世界，世界就怎样对待你

有句话说得好："你怎样对待这个世界，这个世界就怎样对待你。"

我们所生存的这个世界，就像一面镜子，你所看到的就是你自己的样子。这个世界是有生命的，并不只是冷冰冰的客观存在，它甚至可能是有灵魂的……你如何对待它，它就如何对待你。很多人习惯从悲伤、消极的方面去思考，总是只看阴暗面——整个世界，在他眼里都是灰暗的。

假如从另一个角度来看，从相对积极的一面去思考，我们的世界就会充满阳光、处处是希望。你对世界温柔以待，世界也会以温柔的一面待你，反之，你对它充满恶意时，它也会毫不客气地回报你。

倘若你的世界里有许多不美好的地方，那这之中又有多少是你自己选择的呢？

其实有时候，我们的不安，真的只是虚惊一场。世间纷纷扰扰，苦难就像随意堆放的稻草，杂乱无章，毫无规律。所以，我们不知自己什么时候会遇难，却时刻能看到他人遇到困难。没有人一生都不需要别人帮忙，如果你付出的是温暖善良，那么你得到的也一定是相似的。

曾经在书店工作的朋友告诉我，她开始了新的人生，只因为她在工作时，帮了别人一个小忙。她说："那天，还有半个小时下班，来了一位顾客买了很多书，走时她把皮包落在了柜台。下班之后，店门锁了，我在店门口多等了一会儿，就怕顾客来取包结果无功而返，最后还真的帮了她一个小忙。"

朋友喜爱写作，但一直都是自己闷头苦练，迟迟找不到窍门，而她帮助的这个人，恰好是一家报社的编辑。这位编辑把自己的写作经验与技巧都告诉了我的朋友，两个人还成了好友，朋友说她离梦想又近了一步。

《吸引力法则》曾讲过这样一种现象：当你想要一样东西的时候，极力去想象，想象自己已经得到那样东西之后的细节，然后按照那个样子去做，这个世界会接收到你的信号，并给你想要的东西。

你看，不管智商多高，只要脑子里没有这个概念，那么它就无法对你产生任何作用。比如，"燃素说"曾有一段时间十分流行，现在却早已被人忘却。我们现在知道物体会燃烧是因为氧气，但是在那个时期，人们硬生生地虚构出了这么一个概念，并沿用了几百年。比如上火、肾虚、排毒、气，这些概念，因为文化的差异，西方人根本就不理解，当然也就不会产生这些毛病。

　　每次见面，A君都会向朋友B抱怨创业辛苦，而朋友B经常会给他出点子，有几次还主动给他写营销方案。后来A君公司经营状况好转，但是他有几次见到朋友B，都主动避开，这让B君很纳闷。有一次B君跟他和A君的共同好友见面，聊起了这件事，对方笑着说A君之所以不见B君，肯定是怕B君向他索要报酬吧。

　　听了这话，B君恍然大悟。但同时，他可以对天地发誓，当初向A君提点子，只是真心想帮助他拓展思路，从没有向他要报酬的意思，难道A君将他和自己之间的友情看作是利益关系吗？

　　很显然，A君的认知有偏差，他没有真切地感受到B君的初衷，与B君没有共同的价值观、世界观。这不禁让B君想起自己和女儿之间的一件事：有一次女儿吵着要B君带她去吃大餐，到了离家不远的餐厅，坐好后，服务员上前提供菜单。女儿点菜总是按最贵的点，而且必须是荤菜。想到这里，B君就随意说了一句："每份菜不能超过50元哦。"

他说完就后悔了，服务员倒是职业性地微笑，没想到女儿竟然大笑起来，随后点了两份素菜和一份花甲，一共加起来才一百元多一点。菜被端上来后，B君问女儿为什么大笑，她说：一是怕B君吃多了肉对身体不好；二是要改掉B君花钱如流水的毛病。B君一听，大为触动，女儿真的长大了。

还有一个与之类似的故事：一个老太太，有两个儿子，分别是卖鞋和卖伞的。如果哪天天气不好了，老太就在心里想：这下完了，天气这么糟糕，我那卖鞋子的儿子的日子肯定很难过……当天气转晴了，她又在心里嘀咕：这天气怎么一下子变这么好，我那卖伞的儿子可怎么做生意啊？为此，她每天都焦灼不安，身体素质也每况愈下……

后来，人们请一位智者去开导她，这位智者对她说了这样一番话："你完全可以换一种思考方式，只要天气一变好，你就要在心里想：这天气真好，我那卖鞋子的儿子的生意肯定好得出奇。如果天气变差了，你就要这样想：真是太感谢老天了！我那卖伞的儿子今天必定收获不小。那你不是每天都被开心所包围吗？"听了这番话，老太刚刚还哭丧的脸一下子阴转晴了……

两件事反映的两种心态截然不同，对每件事，我们每个人都有不同的解读。如果你的内心是善意的、美好的，那么你就会感受到这世界的善良和美好；如果你的内心是狭隘和恶意的，那么你看到的这个世界就是自私和恶意的。还是那句话：你怎样对待世界，世界就怎样对待你。

世界还是很美好的，纵使生活中会有点糟糕的事，只要你保持善良的心态，你就会认为这只是一种偶然；如果生活中确有不幸的事情发生，只要我们内心保持对这个世界的信任，那么不幸事件的影响总会过去。

虽然有时候，我们也会怀疑、犹豫，毕竟"好心没好报"的遭遇还是挺让人惧怕的，它让人不由得想把善意隐藏起来，把"冷漠"拿出来保护自己。但是，善良才是人的本心，我们要始终相信，这世界上的每一天，都在向好的方向发展，你怎样做取决于你自己，而你如何对待世界，世界就会如何对待你。

独立：能自己解决的问题就别麻烦别人

人生在世，多多少少都会遇到麻烦和问题，比起获得别人的帮助，人更应该靠自己，这是一个人独立的能力，能自己解决的事情，坚决不麻烦别人。

小时候，每个孩子都很喜欢什么事都问别人，请别人帮忙。后来越长大就越发现，其实这种种的给予，已经在无形之中令你和他人形成了某种联系，那就是我帮助过你，你也应当在我需要时帮助我。而有时候对方要你帮的忙不是你力所能及的，你也有可能遭人诟病，或者就算是你力所能及的，但是这件事超出了你预想的范围，这时，当你在帮与不帮之间左右为难，别人会戴上某种有色眼镜来看你。

生活中，我们获得的每一次给予，虽然不是全部需要回馈，但是大部分都是如此。所以我们要懂得观察生活、体会生活，从而总结出一些有用的经验来让自己更好地立足于社会。

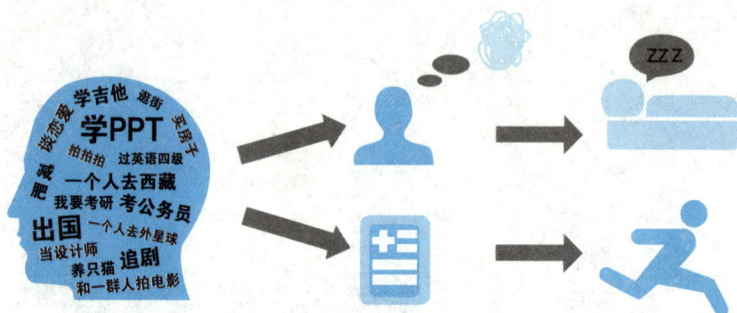

　　如今这个时代，信息的获取和行业的发展变得前所未有的便捷和低价。大部分问题通过少量付费就可以解决，有些甚至是免费的。你需要做的，是换一个思维模式，把"问别人"变成"问自己"。这是一种思维上的独立，它的重要性绝对不亚于经济独立。这不仅是对他人的尊重，更是对自己的尊重。

　　就拿我表姐来说，最近她家打算装修房子，对于装修期表姐父母住在哪里的问题，大家产生了分歧。

　　表姐老公说，父母可以和他们挤一挤，也方便大家互相照顾。表姐却坚决反对，宁可自己拿出钱来给父母租房子。

结果，表姐父母和表姐的关系闹得很僵，什么事情都和表姐的老公商量，倒把表姐排除在外。

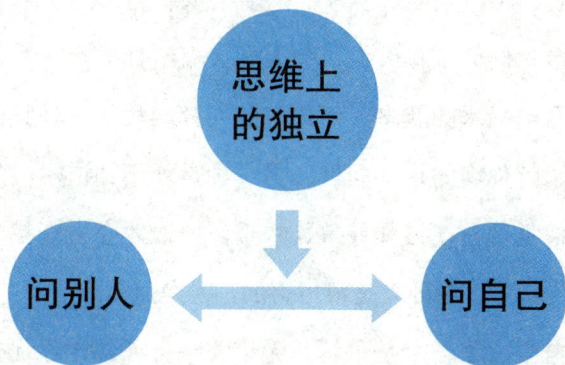

思维上的独立

问别人　问自己

表姐苦笑，对我说："现在好了，连我老公都说我不孝顺、自私自利。我现在真是众叛亲离了。"

事实上，表姐的这个决定并不是任性妄为。一是表姐的父母和老公的脾气都比较急，平时相处难免产生摩擦，要是住在一起，那就连个缓冲的空间都没有了；二是在孩子的教育问题上，大家分歧不小，要是住在一起，难免有争执；三是生活习惯不同。比如，表姐是个爱安静的人，而表姐的妈妈喜欢把音乐开得震天响，连楼梯间都能听得到。

表姐说："我家的经济条件并不太宽裕。但对我来说，住在一起引起的不快远远大于这笔租金。为了不给彼此添麻烦，我宁可节省其他开销，也不愿意省这笔钱。"

是啊，不给别人添麻烦，是多么重要的一件事。

很多时候你依赖旁人，旁人会大概给你提点一两句，但你依旧是半桶水的状态。而你问的人分两种：一种是他知道且比较了解你问的这个问题；另一种是他不知道，但是你问了他，他觉得自己被你尊重、看重，所以才会去查找资料，然后给你解答，这种人是很厉害的，因为他实践了两个过程，一个是自学，另一个是讲解。无论哪一种人都比你优秀，因为你只是开口问的，仅仅是从别人口中得知答案，缺少自己实践的过程。

事实上，我们千万不要小看任何一件小事，通过处理任何一件小事，我们都能学到很多。如果你经常问别人，懒于寻找答案，那么和别人比起来，你的信息检索能力是弱的，你的查找能力与自学能力等也都会变弱。任何事情，只有通过实践才能熟能生巧，就好像那句话说的——"纸上得来终觉浅，绝知此事要躬行"。

每个人都有自己的事情要做，都有自己的不易。别人帮你一次两次实属正常，但你一定要记得，别人帮你是好心，

不帮你是本分，不要搞得全世界都欠你似的。自己能解决的
事情，就尽量不要去给别人添麻烦。

在我们身边，并不缺少这样的人。每当遇到什么事情，无
论大小，他们的第一反应不是先思考怎么做，而是喜欢问别人
怎么办，等别人告诉自己所有答案和步骤。就这样一次两次的
麻烦别人，久而久之就形成了一种习惯。结果，既耽误了自身
的成长和进步，也惹来了别人的厌烦和冷淡。

为什么会这样？其实，这个道理很简单。当你第一次请教
别人，或者让别人帮你做事的时候，别人出于好心一般会心平
气和地帮你。但是当你两次三番地让别人帮你做这做那的时候，
其实就是在消耗别人的时间。每个人的时间都是有限的，没人
会愿意把自己宝贵的时间浪费在别人身上。

试想，有人明明可以自己拿外卖，却非要叫你拿？有人明
明可以自己倒杯水，却非要叫你倒？你会怎么做？一开始，相
信很多人会很认真而用心地提供帮助，直到把这件事情做好为
止。但久而久之，就会变得没有耐心和懈怠。即便你们之间的
关系再好，你也会心有怨言，唯恐避之不及。

能自己解决的，就尽量不要去给别人添乱！这是我一贯坚
持的理念。这不代表性格孤僻，更不代表与人隔离，而是我深知，
每个人都是独立的，每个人也都友好，独立与友好是两条平行

线，不要随意打扰，更不要无端介入，才能好好地将这段关系维持下去，也才是与人相处的绝佳之道！

申亚是技术部的一名新人，他和其他新人有一个最大的不同，就是很少去问别人问题。上司交给他的任务，他会在第一时间把所有的要求询问完，然后回到座位后，踏踏实实工作。即便遇到难解的问题，他也会先查阅、先思考之后，再去询问别人。所以，他提出的问题总是很高明。

有人和申亚开玩笑，"公司那么多老员工，你怎么不好好利用？"

申亚笑着说："如果不是特殊情况，就尽量不要麻烦别人。自己能做的事情自己做，这个最简单的道理，我从小时候就懂了。"

你觉得他团队合作能力很差吗？一点都不！每一次工作申亚都能有最好的 idea，也可以轻而易举地获得别人的赞扬。

人与人之间有恰当的人际关系，给别人添麻烦的原因有很多，可能来自自己的无知，也有可能来自没有教养，可是根源通通在于没有把别人放在心上。

每一个人都是独立的个体，换言之，在独立的体系里，每个人都有自己的事要做。遇事先自己想办法解决，再考虑寻求他人帮助，这个顺序是不能变的。即便是寻求帮助，也要考虑会不会给对方添麻烦，会不会打扰到对方，而不是只考虑自己能否获得帮助。这，便是一个人分寸感的体现。

你之所以去麻烦别人，很多时候出自彼此关系亲近。但越是亲近的关系，越要保持好自己的分寸，多站在对方的角度上思考，才能进一步促进关系，不是吗？

何况，所谓"实践出真知"，自己努力无果之后，再去找别人寻求帮助，往往你会理解得比较快，更能意识到自身的不足之处，成长自然也就更快。

定位：在人生舞台上扮演好自己的角色

在人生这个大舞台上，我们每个人都是演员，每时每刻都在扮演着不同的角色。试问，你有想过自己到底扮演着多少个角色吗？

在亲情关系中，我们有可能是孙子孙女、儿子女儿、女婿儿媳、丈夫妻子、父亲母亲、爷爷奶奶、哥哥姐姐、弟弟妹妹等；在社会关系中，我们有可能是党员、朋友、同事、工友、邻居、老乡、同学、战友……在不同的关系模式中，我们需要相应地扮演不同的角色。

我们发现，在自己的人生主场上，每个人都会扮演多个角色，虽然有的角色你迟迟不愿登台，可是这就是人生。生活中，每个人的角色都一直处在变化状态。你在自己的主场上，当然是当仁不让的主角，可是到了别人的舞台上，可能你就成了个跑龙套的了，一句台词都没有，无足轻重。

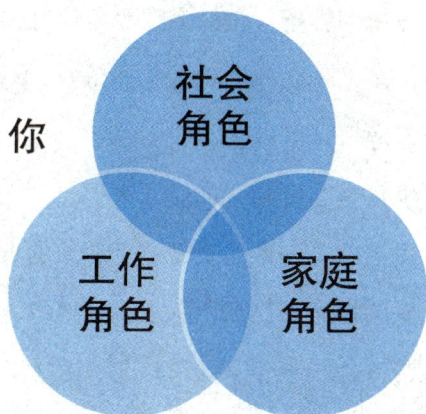

可是，做主角也好，跑龙套也好，这都是你的角色。你只需要做到一点，那就是在人生的舞台上，尽力把自己的角色扮演好。

曾经有这样一个女人，不管是长相，还是出身、工作，抑或是嫁的人，样样都是平凡又普通。

可是有一天，她忽然变得不平凡起来。她被一个导演所看中，要在一部戏中担当王妃的角色。

对于她这个表演经验为零的人来说，这无异于比登天还难。为了把这个角色演好，她需要告诉自己，她就是一个王妃。她读了很多和王妃有关的文章，窥探王妃的心理世界，效仿王妃的一言一行，甚至将自己的家装扮得和王宫无异……终于，她具有了王妃的样子，在扮演这个角色时也愈发熟稔，而且一直到整部戏杀青，她的状态都非常好。不管是导演，还是她本人，都觉得无可指摘。

可是，这也只是维持到这部戏结束而已。之后，她再次回归到普通的生活状态，依然要做那个普通的女人。不可一世的王妃、特殊的待遇都已离她远去。她要像以前一样再次过上普通的生活，她一下子不知道该怎么办才好了。她发现自己具有了王妃的个性，会不由自主地抱怨丈夫和孩子，在他们面前盛气凌人，也让自己与他们的之间关系生疏了，她难过极了。

在朋友面前也是如此，她也需要时刻告诉自己"自己的身份是什么"，这样在和别人交流时才不会逾矩——这下她才明白"入戏容易出戏难"是什么意思了。这种只能在戏里扮演王妃，在生活中只能当个普通人的处境让她极其难堪，她一时间竟找不到真正的自己了。

上台做主角自然让人心生愉悦，可是人总归是要下台的，这时，你要怎么办呢？要知道，人一世都固定在某一个地方。台上风光无限、台下落寞不堪，当然会有不同。

要知道，这个世界不是人人都可以发财，不是人人都可以当官，不是人人都可以成为作家，不是人人都可以成为知名演员的。每个人有自己的优势和弱势，认清自己，找准自己的位置，然后再全力以赴地朝着既定的目标迈进，这才是最重要的。

李茂在一家大公司上班，他不仅自身才华横溢，而且勤勉肯干。对于一直空缺的副部长职位，他势在必得，同事们也都看在眼里，可是，他们却并不反感，因为李茂的确有这个能力。

因为李茂表现优异，他也因此得到公司董事会的重视，不久就真的做了副部长。在这之后，他工作起来更加尽心尽力了。由于他工作积极、且礼待下属，公司上下都对他夸赞有加，不少同事都看好他未来的发展，觉得他一定会前途似锦。

可是，事情的发展往往出乎大家的预料。一年以后，由于公司领导层的人事变化，作为"前朝能臣"的李茂也成了新上任领导的眼中刺，被调到他最不喜欢的部门去做专员。调令发下来的那天，李茂懊丧极了，他一个人静静地在办公室里待了一天。

可是，李茂并没有因此破罐子破摔，因为他知道，这样对现实于事无补，只会给看戏的人增加闲谈的资本而已。于是，他很快调整好了自己的状态，适应好自己的新身份，而且像从前一样努力工作，工作成绩也是有目共睹。半年以后，李茂再次得到提拔，把副字去掉，成了部长。

人生其实就是一个大舞台，我们都在这个舞台上扮演着自己的角色，只是当我们身处不同的位置时，我们所扮演的角色也会有所差别。在社会这个大舞台上，我们只是一名不引人注意的配角，只是为了给他人当好绿叶，可是当我们身处家庭这个小舞台时，我们又是当仁不让的主角，不管我们做什么，都会受到其他家庭成员的高度关注。

不管在什么时候，也不管我们扮演的角色是什么样的，我们唯有把自己的角色扮演好才是正道。

拒绝：真正的靠谱不是有求必应

与人打交道的过程中，我们每天都会面对许多来自他人的不同诉求，这些诉求有的是合理的，但有些却是不合理的，比如好友让你在朋友圈里关注点赞，好帮助他赢得商家的小礼品；父母让你接待家乡来城里办事的亲戚；你的工作还没有完成，同事却让你帮他的忙……这时候，你会怎么办？

许多人不敢说"不"，源自一种内疚感。我拒绝了别人，就会伤害到别人。我伤害别人，我就是个坏人。别人就会报复我、离开我，我就是破坏了关系。为了不让自己当坏人，为了不让自己破坏关系，为了不让自己被伤害。有时明明是很难办的事情，有人也要为了和睦而硬撑着做下去。

但结果呢？往往更糟糕罢了。

老实说，我是个性格随和的人，脾气好，喜欢帮助别人。虽然算不上老好人，但是如果谁请我跑个腿、帮个忙，我都会非常痛快地答应。刚参加工作的时候，大家都说我身上没有年轻人的自私、傲气，所以都愿意和我相处，时常叫我做这做那，"帮我把文件发了""帮我订一下午饭"……

一开始我还因此洋洋得意，但没过多久，我就发现自己是多么愚蠢。

临到周末了，同事们都在筹划着周末去哪里度假，我却为自己安排了满满的"任务"，而且都是别人的事情：周六上午帮同事处理一份报告，周六下午陪好朋友购买皮鞋，周日上午帮经理去缴纳车辆违规罚款，周日下午……"唉"，成天为别人的事忙碌，很累很烦也很不情愿，我不禁发出一声叹息。

朋友对我说："既然你这么为难，遇到这种事情，你为什么不拒绝呢？"

我回道："我也没办法呀，别人都开口了，我怎么好意思拒绝人家？"

就这样，我一度成了公司里最忙碌的人，也是工作效率最低的人，到头来搞得自己心力交瘁不说，自己的工作也给耽误了，遭到了经理的严厉批评。

为什么事情会这样？深思一番之后，我发现，今天的痛苦就是不懂拒绝的缘故。我太希望得到大家的认可，凡事总是有求必应，没有明确地表示过反对，也没有采取变通的办法。

心理学上有一个"登门槛效应"，又称得寸进尺效应。有时候你不懂得拒绝别人，一旦接受了他人的一个微不足道的要求，他人就认为你是愿意的，摸透了你的心理后，就有可能支使你继续干下去或者提出更大的要求，这种现象犹如登门槛时要一级台阶一级台阶地登，继而出现得寸进尺。

试想，你做着自己不愿意做的事，你允许他人不断地利用你，而且是较高、较难的要求，心中的负担和痛苦日积月累，倘若有一天你终于失去了耐心，把积累的怨气一并爆发，想一想，那情形和结果将是怎样的？毋庸置疑，你一直害怕被破坏的和谐关系，你一直努力维持的形象都将轰然倒塌。

很多时候，一个人懂得保护自己，仅仅是从说"不"开始的。你对别人说的每一个"不"，都是在对自己说"好"。毕竟任何一个人的时间和精力都是有限的，对他人的容忍力也是有限的。这并非自私，而是理性接受"有限"这件事，把时间和精力花在更重要、更有意义的事情上。

很多时候，别人并不是有心侵犯你，只是你从未清楚地告知。根据自身的能力，选择性的帮忙。这种立场明确、界限清晰，可以化解很多不必要的麻烦，也能够让你真正赢得尊重。

拒绝并不代表着得罪人，也不意味着随意怼人，而要讲究一定的技巧和方式，把"不"说得恰到好处，既能让自己摆脱不必要的麻烦，又能让对方容易接受，不至于产生抱怨、怨恨心理。期间的一个秘诀，就是让对方明白一个道理，"这事儿我帮不了"与"我不帮你"是两个不同的概念。

程东是一名交警，平时负责路上执勤、指挥交通。这天，表弟找到他一开口就说明来意：他的车前几天违章，被扣除了6分。可他之前已经被扣过分，再扣分就满12分，有被扣留驾照的危险。重新考驾照事小，可自己公司的业务繁忙，如果耽误了相关业务那就麻烦了，于是希望程东帮帮忙。

一听表弟的话，程东想要义正词严地拒绝，那可是违反原则和纪律的事情。可他也知道，如果自己说话不当，表弟甚至更多的亲戚会觉得自己摆架子、不给亲戚面子。于是，他真诚地说："你看，我们是亲戚，按理说我应该帮你，我其实也想帮你。但是，你说的这个事儿，我真的爱莫能助！"

一听这话，表弟着急地说："你们都是一个单位的，不就是你说句话的事情吗？"

"我知道你现在很着急，也理解你现在的心情！"程东安慰道，"但你也知道，我们交警都是按照法律法规办事的，你违章了，所以才会受到处罚，这是谁都不能避免的。而且你的分已经被扣除了，被录入了电脑系统，并不是人为能够修改的，我实在是无能为力。"

表弟一听，情绪低沉地说："那就真的没有办法了吗？"

程东说："我也是没有办法！我要是有办法能不帮你吗？"

最后，表弟也看出了程东的为难，也就不再说什么了。

程东的拒绝之所以没有得罪人，就是因为他让表弟明白了自己的苦衷，并且让他知道"我不是针对你，而是这件事我无能为力"。

很多人害怕拒绝他人，心里总是想着："如果拒绝了，会不会得罪人？""如果拒绝了，会不会朋友都没得做？"但是每个人都有自己的能力范围，也有自己的原则。有原则地拒绝，并且让对方知道你只是拒绝做不符合原则的事情，而不是不给他面子，那么对方就不会因此而生气。

当你学会说"不"时，说一次别人不高兴，说两次别人很生气，说三次四次，你就会发现别人不再像以前那样，他们不会再露出不高兴的神色，而是和颜悦色，和你接触时更多的是尊重你与理解你，你的生活也将变得愉悦轻松。你是不是要感叹世界的神奇？不用感叹，人性就是如此。

节制：人生最伟大的胜利，是把控你的欲望

如果人生皆由理智来书写，那么我们将会避免掉许许多多的麻烦。比如——

我们不会因过于感性而开始一段错误的爱情；

我们不会因一时的沉沦，而培养起一个不好的习惯；

我们不会因内心的蠢蠢欲动，而落入诱惑的陷阱；

我们会一心朝着既定的目标坚定不移地前进；

我们会在遭受损失时及时止损；

我们会公平公正地对待每一个人、每一件事；

……

很多时候，人之所以会犯错，就是因为无法摆脱欲望的纠缠，故而心存侥幸，将自己置身于错误与危险之中。不，

他们当然知道，只是因为无法战胜内心的欲望，便放任自己沉沦罢了。

人生的大道理，每个人张开嘴都能说一堆，但真正能够将这些道理贯彻在自己的信念与行动之中，却需要具备极强的自控能力。要能抵抗住欲望的侵袭，坚定本心，战胜自我，坚持自律，这才是最重要，也最难做到。

人的一生就好像是一场场的战役，最强大的敌人名叫欲望。而我们在人生中所做的每一个决定，实际上都是与欲望抗争的结果，这其中自然有输也有赢。当我们赢得越多时，我们对自己的把控力就会越强，我们的人生也就越不容易"脱轨"；相反，若我们总是输，不断降低自己的底线，那么总有一天会沦为欲望的奴隶。

曾看过这样一个故事：

一位名叫扎西的青年喇嘛，在一场法会仪式上结识了一个名叫芭玛的少女，少女的美丽与明媚让扎西倾心不已，第一次体验到了爱情的滋味。

扎西的师父阿普喇嘛知道这一切之后，苦苦劝诫扎西，可扎西却说："佛祖在 29 岁之后才进入寺院，成为佛祖。在这之前，他已然尝过了世间的一切。可我呢？我从 5 岁时便已困在这里，什么都不曾经历过，什么都不曾尝试过。我们怎知，佛祖的觉悟不是因体会俗世生活而引起的呢？佛祖曾言：'你不应道听途说，要接受我的教诲，除非你明白我的立场。'我们应该抛开成见，或许在这个世界上，有的东西，唯有先拥有过后，才能真正放下！"

于是，扎西决定还俗，去走一遍佛祖曾走过的路。

投入凡尘俗世之后，扎西开始放纵自己的欲望。他和芭玛结婚生子，满足了一直诱惑自己的爱欲；然后他又拥有了田地、财产，满足了对金钱和权势的欲望；后来，他和一个印度女人偷情，在背德的刺激与悔恨中看到了自己最丑恶、最贪婪的样子……

爱欲、生子、生气、嫉妒、偷情、猜忌……欲望总是无止境的，当一个欲望被满足之后，便又会产生无数新的欲望。在俗世陷得越深，扎西就感到越迷茫，他不曾从放纵中感受到快乐或满足，也始终没有找到属于自己的方向。

欲望是永无止境的，当你满足一个欲望时，它并不会消失，而是会萌生出新的欲望。因为贪婪是根植于人性中的原罪，我们永远都不会因放纵而得到满足。放纵欲望的后果，只能是无尽的烦恼与痛苦。

在现实生活中，我们时时都在面临着类似的考验：当你看到一款精美的皮包在打折时，你或许并不需要它，但还是生出了强烈的购买欲望。你以为只要买下这个皮包，便能得到满足吗？事实上，当你买下这个包之后，麻烦开始接踵而至了——你发现自己的外套和包格格不入，于是便决定买一件新的外套；拥有了新的外套后，你发现自己还缺一双与之搭配的鞋，于是你决定再买一双新的鞋；这样好看的鞋子，若是挤公交的时候被踩到，那该多可惜，于是你发现自己需要一辆车……

欲望是一个无底洞，永远都无法填满。放纵欲望的结果就是，产生越来越多的欲望，而我们将会变得越来越难以满足，最终沦为欲望的奴隶。

所以，我们要学会把控欲望的分寸，将它控制在一个合理的范围内。而人生最伟大的胜利，就是把控住自己的欲望，在克制中学会享受可控的满足。

去年，我的朋友柚子写了一本畅销书，一下子成了当地的"名人"，据说当地好几家报社的记者前往采访。此后，很多朋友都找不到柚子。打电话总是关机，微信、邮箱等也不回应，我们读者群里的几次活动也不见她的踪影，于是有人说她是在故意摆架子，也有人说她是有了名利就忘了朋友。

后来过了一个多月的时间，柚子主动给我打了一个电话，我接到电话时也好奇地问了一句："这段时间，你去哪儿了？"

柚子很神秘地说："我哪儿也没去，我在家思考。"

接下来，柚子对我解释道："写书是我的一大梦想，如今梦想实现了，一下子刺激了我赚钱的欲望，我开始沉醉其中，想有自己的公众号，自己的读者；想学会做各种视频的技能；想拥有弹钢琴的本领；想要买车买房……结果，我总是情绪烦躁，精力也难能集中，一点写作灵感也没有。"

"当你被内心的各种欲望所控制，那么就会忘了写作的初衷，沦陷在了无生趣的琐屑困扰中。"我认真地分析道。

"所以，这段时间我干脆关门谢客，也不再联系别人，不受任何事情的干扰，静静地思考人生，专注写作。"柚子笑着说道，"实不相瞒，我已经有了一个好思路。"

不为外物所羁绊，不为浮云遮双眼。心无贪念，人才静美。

我们每个人都应该学会自我分析，看看自己心中的欲望，哪些是合理的，能够促使我们积极向上的；哪些是超出能力范畴，可能为我们带来无尽麻烦的。对于前者，我们完全可以将欲望化为动力，督促自己成长为更优秀、更强大的人；而对于后者，则必须牢牢控制，不能有丝毫松懈或放纵。

请记住，永远不要高估你的自制力，更不要低估欲望的强大。对于那些不好的、不合理的欲望，战胜它们唯一的方法只有一个，那就是——从不开始，永不放纵。

修身：对自己要求越高的人，对别人要求越低

无论做任何事情，最理想的状况自然是天时、地利、人和，全都恰到好处。可在现实生活中，处处都充满了难以把控的意外，计划得再周详，考虑得再全面，也不可能完全排除所有可能出现的意外因素。

比如计划一场郊游，你考虑好了路线，准备好了食物，约定好了朋友，可保不准第二天一起来，就迎接到一场突如其来的暴雨；即便没有暴雨，也可能半路就接到紧急加班的电话；即便没有电话，也说不准车子在半路会不会抛锚；即便没有抛锚，也或许你定好的目的地与你想象中大相径庭……

总之，生活处处都是意外，我们永远不可能让一切都按照我们的意愿，呈现得恰到好处。

当然，这也并不意味着所有事情都只能听天由命。事实上，天时、地利、人和虽然是主导成功的三大因素，但它们之间实际上是可以相互弥补的。比如当你能力不足的时候，如果运气足够好，那么你依然拥有成功的可能；而若你时运不济，甚至周围环境都处于劣势，但却拥有足够强大的力量时，那么同样也是可能达成目的的。

换言之，你越是力量强大，那么你对周围的人、事、物的要求就会越低，因为如果你只需要依靠自己的力量就能轻松得到想要的一切，那么又怎会去在乎旁人是否有足够的能力为你提供帮助呢？

我有一位女性朋友名叫谭欣，是个非常有能力的人，不过三十岁上下的年纪，就已经创立了自己的公司，在业内也算是小有名气。

说起来，谭欣之所以会踏上创业之路，还和她一段失败的恋爱脱不了干系。如果没有这段失败的恋爱经历，谭欣的人生大概会和现在截然不同。

谭欣从小就是个非常乖巧，非常守规矩的孩子，不管做什么事情都非常认真，在学校也一直都是"乖乖牌"。她的初恋发生在大学期间，对方是她同系的学长，学校里非常有名的"才子"。对于这段恋爱，谭欣一直都非常认真，甚至已经做好了毕业之后和学长"裸婚"的准备。她对未来的规划很简单：找一份安稳的工作，和恋人一起努力攒钱买房，生一个孩子，过最平凡的日子。

可谭欣没想到的是，当她兴致勃勃地规划未来时，学长却向她提出了分手。分手的缘由与爱情无关，不过是因为上司的女儿看上了他，能为他提供一条更为平顺的青云之路罢了。

谭欣说："那一刻，我突然意识到，如果在未来的人生里，不想再面对一次这样的'失望'，那么我只能想办法让自己变得更强大。当我站得够高，能力够强的时候，我就可以靠自己的力量去得到一切我想要的东西。"

如今，谭欣交了一个大学刚毕业的小男朋友，是个长相帅气，性格温柔的男孩。男孩家境不太好，做着一份普普通通的工作，收入一般，没车没房。可有什么关系呢？谭欣并不需要为此而烦恼，对她来说，只要他们互相喜欢，在一起相处得开心，那就已经足够。因为其他的东西，谭欣自己就已经拥有了。

很多失败的人际交往，实际上都源自索求和得到的不平衡。当我们和别人交往时，必然会希望从对方身上得到一些回馈，这些回馈可能是物质上的，也可能是感情上的。在这个过程中，如果我们所能得到的回馈不能达到预期，那么久而久之，必然就会对对方，甚至是这段关系产生失望的感觉。

当这种失望达到一定程度之后，这段关系自然也就走向终结了。

比如你有一位正在交往的恋人，你希望能从对方身上获得爱的回馈，那么只要对方满足你的索求，这段关系就会一直保持稳定。但随着你们交往的逐渐深入，以及社会压力的逐渐增大，你开始渴望从对方身上获得更多的回馈，希望对方能帮助你一起承担，或减轻肩上的压力，甚至是提供某些便利，一旦对方不能满足你的索求，给予你相应的回馈，那么失望和不满的负面情绪就会逐渐累积，直至这段关系分崩离析。

这也就是为什么很多"校园情侣"在步入社会之后，往往会选择分手的原因。毕竟校园和社会就好像两个截然不同的世界，当我们从校园步入社会之后，随着大环境的改变，我们对另一半的心理索求也会相应发生变化，如果对方无法满足这种变化，那么这段关系自然也就会变得岌岌可危。

但如果换个角度想，假如我们自己就能满足自己的需求，那么对恋人的索求自然就不会那么多，这样一来，彼此的关系不就更容易保持稳定了吗？况且，我们无法掌控别人，只能掌控自己，所以靠什么都不如靠自己，不管是在生活中还是工作中，只有自己强大了，才会无所不能。

人生中的很多事都不会听从我们的安排，如果一直苛求别人满足你，那么最终你收获到的只会是一次又一次的失望。相反，当你对自己要求越高的时候，你对别人的要求就会越低，这样一来，自然也就不会因索求得不到满足而失望。哪一种人生更美好？相信无须多言，你也能心知肚明。

第六章

职场法则，靠谱才能成事

谦虚：功劳面前要学会低头说话

很多人信奉的是昂首天地间，所以不管做什么事，都不愿意低头。但实际上，适时低头并不是懦弱的表现，而是一种智慧，一种宽容。一个人真正成熟的标志，就是他懂得什么时候进什么时候退，什么时候低头，什么时候抬头。

丽丽从小就热爱文学，大学时就选了中文系。毕业后，她如愿进了一家杂志社做编辑。热爱加上勤奋，让她很快就在一群新人中脱颖而出，刚刚入社不久，她就拿到了一个创意奖，还得到了上司刘主编的表扬。一开始，丽丽非常高兴，工作热情也越发高涨。她以为，凭借自己的努力，一定可以尽快取得更大的成就。可是最近一段时间，她突然发现，虽然自己的稿子质量比之前有所提升，刘主编却总是挑毛病，这让她百思不得其解。

她把自己的苦恼告诉了一个朋友，朋友也很快为她找到了原因：当时她拿到创意奖时，得到了领导的表扬，当时她只是欣然接受，并没有在现场提及上司和同事们的协助。这让上司内心有些不满，所以从那之后经常给她脸色看。

不过，丽丽并没有把朋友的话放在心上，因为她觉得，这个奖本来就是自己凭本事拿到的，没有必要感谢别人。结果就是，她的工作越来越难进行，同事们看到刘主编总是挑她的毛病，也开始给她脸色看，最后她实在无法忍受，只好辞职。

如果一个人居功自傲，很容易功高盖主。不管我们取得多大的成果，都不要忘记，我们还有上司，我们只是团队的一员。如果得意忘形，不把上司放在眼里，那很快就会被踢出局。

在获得荣誉时，一定要低调，态度要谦逊。很多人都会在拿到荣誉后欣喜若狂，这是可以理解的，但是如果因此膨胀，只会给别人带来麻烦。因为此刻你风头正劲，他们只能默默忍受你的嚣张，不敢出声。但是他们明里不说什么，不代表暗里他们不会给你使绊子。所以，面对荣耀，一定要谦虚再谦虚，别人看到你这么低调，自然不会找你麻烦。

其次，要学会和别人分享你的成功，这种分享可以分为口头上的感谢和实际上的分享。如果你能主动和别人分享你的成功，别人就会觉得自己很受尊重。如果你是在别人的协助下才获得成功的，就更应该和别人分享，比如给别人买点水果零食，或者请客吃饭。别人感受到你的尊重，自然愿意与你和睦相处。

最后，我们要怀有一颗感恩的心，不但要感谢同事的帮助，还要感谢领导的指点和提拔。如果他们确实对你有恩，你自然要感谢他们。如果他们什么都没做，你也有必要口头上感激一下，这样可以让大家更受用，避免成为众矢之的。在观看一些颁奖礼时，我们经常可以看到获奖人会感谢一大堆人，就是这个道理。说几句感激的话并不需要什么成本，却可以让听者心里愉快，对你的印象也会更好。

有时候，低头是一种智慧，一种冷静，适时低头，可以让你活得更轻松。

上司对于你的付出，实际上是心知肚明的。如果你在获得荣耀之后，不忘感谢他对你的帮助，他就会觉得你是个懂事的人，懂得尊重他。但如果你想独吞荣耀，那用不了多长时间，你就会品尝到苦果的味道。

适时低头代表着你的成熟和智慧，这不是一种没有原则的让步，而是理性的宽容；这不是毫无理由的迁就，而是一种谦虚。懂得适时低头的人才是成熟的人，才不会陷入绝境里。

反馈：事毕主动回复是礼貌，更见人品

罗振宇曾经说过这样一句振聋发聩的话，那就是"一个人靠不靠谱，其实就看这三点——件件有着落，凡事有交代，事事有回音。"

一个沟通闭环就由此形成。

沟通闭环就是指一方交代给另一方办事时，要立足于委托人，不管是做事，还是交流，都要以委托人为中心。简而言之，一个完整的"沟通闭环"就由以下四个过程组成：

一、事前反馈。有的事情不能圆满完成，是因为在任务和交代的事情上，办事的人没能理解清楚。之所以会造成这样的局面，也许是因为办事者没有听清楚，也有可能是因为委托人（比如上司）沟通能力不足，没有交代清楚。这时事实反馈就派上用场了，以此来对工作的主要细节加以核实，如此一来，任务才会完成得更好。

二、尽可能落实到位。意思是，在办事时，要秉承严肃认真的精神，尽全力办好。

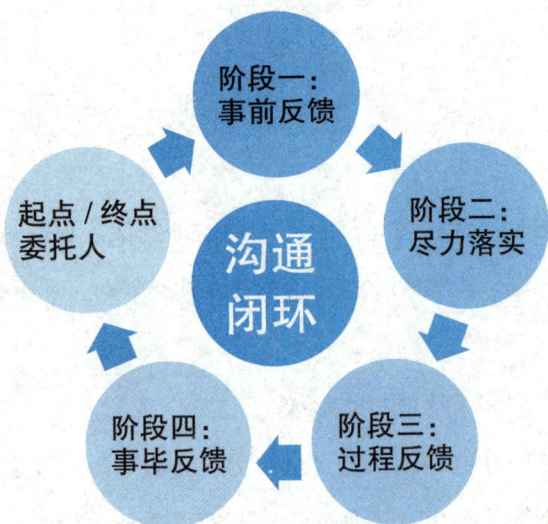

三、过程反馈。不管是上级交代的事情，还是他人交代的事情，假如要经过相当长一段时间才能完成，那么在这个过程中就要有所反馈才行。如果等到领导主动来问你，那一切为时已晚。相反，你主动积极汇报工作进度，会让领导觉得你这个人靠谱。

四、事毕反馈。交付结果是不同于事毕反馈的。事情做完了，回复也很重要。第一时间回复，才能让上司或他人掌握最新消息，并制定下一步行动计划。

这四点做好了，你才会是别人眼中靠谱的人，别人也才会把事情放心地交给你来办。

一个靠谱的人，会先一步进行彩排：他会把细节一一罗列出来，对任务进行分解。对于非常关键的事情，他会提前留出时间进行检查，一遍不行就两遍。他会提前在脑海中演练有可能出现的各种意外情况，以及也许会出现的纰漏，要么提前更正，要么提前把备选方案想好，尽可能把事情完成得圆满。

实际生活中，"是不是每件事都有着落，都有交代，都有回音"是用来检测一个人是不是靠谱、值得信任的标准。如果这三点你都做到了，那么你也快成为一个靠谱的人了。

在19世纪美西战争中，美国总统要给古巴盟军将领加西亚紧急送一封书信过去，可是加西亚正在丛林中打仗，具体在哪个位置无人知晓。

这时一位叫罗文的美国陆军中尉毅然而然地站了出来，他没有提任何条件，以身涉险，三周以后，来到了那个处处充满危险的国家，把信送到了加西亚手上。

罗文送的仅仅只是一封信吗？

当然不是，他还送了一个战士的信誉，将他甘愿付出、舍身为人的品质彰显得淋漓尽致，人性的光辉尽显无遗。而这个故事之所以在全世界流传甚广，原因就在于此。

在实际工作中，这样的情况屡见不鲜，那就是有人在工作群发了通知以后，得不到任何人的回应，哪怕在正常工作日也是这样。大部分人都看到了讯息，可就是不给任何回复，而发通知的人就更加焦躁不安了，因为他无从得知大家有没有接到通知。

你可以设身处地地想一下，假如你给同事发了一个信息，可却没有等到对方的任何回应，你会怎么想？

一样的道理，他给你发消息，你也没有任何回应，他会想你究竟是不想回复，还是不屑于回复？这个问题并不是无关紧要的。不管是谁，都应该及时回应对方，这涉及尊重他人。

事毕回复，说起来简简单单四个字，可是想要做好却不是那么容易的事。可否把信或材料安然送到对方手上，不只是表面上看上去那么简单，从本质上来说和一个人的品质、诚信有关。

在实际工作中，假如你发了通知出去，可是却没有得到任何回音，一个完整的环就没有形成，身处在这个环上的任何一个人都会觉得很难过。发通知的人在煎熬，收了通知的人也饱受折磨，还有的人因为没有及时看到通知而延误了重要工作。

事毕不回复，就好像任务已经完成了一大半，就差那临门一脚。

"已获悉！""收到！"……对于他人来说，事毕回复是一种尊重人的表现，也是给人留下靠谱印象的表现。

尽管回复的字数很少，可是不仅说明这条信息你看到了，而且也表明对于这条信息所涵盖的关键性内容，你也已经知悉。它把将心比心和契约精神真正彰显出来了，严格履行契约，主动承担自己应该承担的责任，意味着这个人有担当、有责任感、值得信赖。

执行：做不好，说得再好也没用

马云曾说过这样一句话："哪个公司计划书做得越无懈可击，衰亡的速度就越快。"网上也流行着这样一句话：相比"一流的点子加三流的执行力"，"三流的点子加一流的执行力"要好得多。

在职场中，你要想平步青云，最关键的就是要有好的执行力。

那么，好的执行力是如何定义的呢？

所谓执行力，是指严格践行战略方案，将设定目标真正落到实处的操作能力。企业战略要想变成成果，它是最重要的一环。执行力涵盖任务完成的初衷、能力和水平。对于个人来说，执行力就相当于办事能力；对于团队来说，执行力就相当于战斗力；对于企业来说，执行力就相当于经营能力。而对执行力进行考量的标准，站在个人的角度来说，是保质保量把自己的工作任务完成好，站在企业的角度来说，是在规定的时间内把企业的战略目标完成好。

简而言之，执行力就是一个人把想法变成行动，再转化成结果，并把任务完成得非常妥帖的能力。

在《财富自由之路》一书中，李笑来是这样解释执行力的：

任务	会做	做	坚持	搞定
任务	不会做	做	坚持	搞定

可是纵观我们大部分人，基本上都只限于任务—不会做—不去做—放弃，或者任务—不会做—学习—学不会—放弃这两条路径。由于执行力不强，我们自身成长不起来，由此进入恶性循环。

一群应聘高级管理人才的人参加了该公司的复试。虽然应聘者对于考官们的简单提问都对答如流，可是却没有一个人被录用，只好悻悻而归。这时，一位应聘者进来了，看到干净的地毯上有一个纸团，看上去很碍眼，于是他弯腰把那个纸团捡起来，打算扔到纸篓时。这时考官说话了："您好，朋友，请把您刚才捡起来的纸团打开看看吧！"这位应聘者将信将疑地把纸团打开，只见上面写着这样一行字："欢迎您加入我们公司。"几年以后，这位把纸团捡起来的应聘者成为这家知名公司的大总裁。

这样一个看起来微不足道的细节就对面试的成败起到了决定性的作用，也表明人的素质就体现在细节中。

不少人对这样的抱怨应该都司空见惯了："好烦啊，什么都没有，活得还不如一条咸鱼！""你觉得我现在去学英语如何，可是一想到要背那么多单词又觉得头好痛！""你觉得我现在辞职怎么样，现在的工作工资实在是太低了。"

其实这也是很多人的现状，抱怨—焦躁—自我安慰—抱怨，这是一个令人失望的闭环，让自己深陷"生活好难"的困境中。

有人说，厉害的人之所以厉害，主要就在于思维的强大。可是从根本上来说，厉害的人就是因为有强大的执行力。就如同雷军的一句名言："站在风口上，猪都会飞。"可是你不去做，即便有大把赚钱的机会等着你，你也只是一个局外人。不管是在生活中还是在职场中，每个人都难免会遇到难题，而厉害的人和普通的人的区别就在于，前者会用实际行动去改变，不整日处在焦灼不安的状态中，而后者只会持续抱怨，被焦躁所包围。

要想在职场上平步青云，最重要的就是要有强大的执行力，而那些还没有付出行动就夭折的计划，说到底还是因为制订计划的人执行力不强，时间一长，人与人之间的差距就越来越大。

事实上，执行力就是逐步让目标落地的过程。在《卓越的行动力》一书中，作者提到，假如你对某件事情非常有把握，而且做得很认真，那么预期的目标是一定可以完成的。

只有把计划制定好了，才有可能去执行，由此可见，好的执行力离不开好的计划。

有一个农夫早早起来去耕田，可是，当他走到 40 号田地时，才发现耕耘机要加油了。他本想马上去给耕耘机加油，可是又想到家里还有三四头猪等着喂，于是他转身回家。当他从仓库经过时，发现有几个马铃薯躺在那里，他心想马铃薯可能发芽了，于是又转身走到马铃薯田里。半路上，他从木材堆经过，他猛然间又想到家中需要一些柴火，当他正准备去取柴火时，发现地上躺着一只病恹恹的鸡……如此来回跑了好几趟，从早上太阳升起到太阳落山，这个农夫既没有加油，也没有喂猪，也没有耕田……显而易见，他没有一件事是完成好的。

那么，怎样才能让自己坚持把一件事做完呢？我们可以拿减肥这件很多人一直在想，却一直没有完成的事来说。

首先，我们可以先画下自己减肥成功以后的样子，或者把身材好的明星的照片拿出来激励自己，然后给照片写上正面的语言，可以写"我正在……"像"我现在已经可以把那条美丽的裙子穿在身上了"。

其次，我们要给自己规定一个目标完成的时间。如果一个目标没有完成时间，就相当于空中楼阁，因此在制定目标时，不要写"两个月内"这种泛泛之语，因为不管我们什么时候来看时间，都显示的是"两个月"。

最后，假如我们完成了某个目标，或者取得了阶段性成果，那么就一定要给自己一个奖励，而且这个奖励还不能太小，比如"减肥成功就好好去吃一顿"，奖励太小会让自己动力不足，无法坚持完成目标。

当然，在对执行力进行培养时，要非常关注目标和计划的拆解。那么，要如何拆解一套完整的目标和计划，才算是合格的呢？

答案是拆解到执行起来非常轻松的程度，执行时，你不需要再动脑筋。在这个过程中，我们可以把"SMART 原则"派上用场。

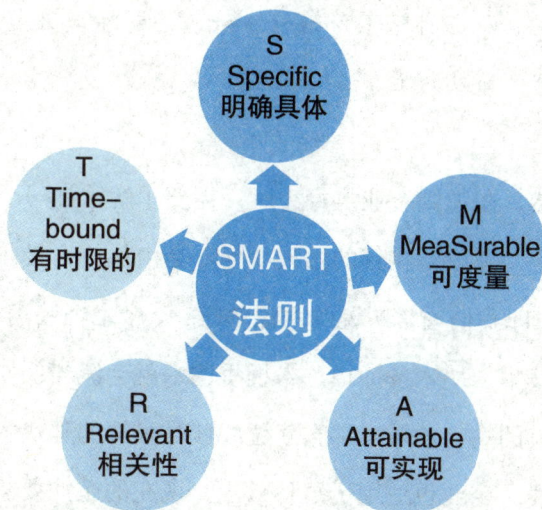

——S 即具体（Specific），指绩效考核要和特定的工作指标相契合，不能太宽泛。

——M 即可度量（MeaSurable），指绩效指标是可量化的，或者转化成行为的，对这些绩效指标进行验证的数据或信息并不是不可得的。

——A 即可实现（Attainable），指绩效指标在真正践行以后是可以完成的，避免设立的目标太高或太低。

——R 即相关性（Relevant），指绩效指标是关系到工作的其他目标的，绩效指标是关系到本职工作的。

——T 即有时限（Time-bound），对于绩效指标完成的具体时限加以关注。

当然，在说到企业执行力时，需要了解这样一个极其重要的概念，那就是执行的结果如何，是由执行力最差的员工决定的，即我们通常所说的木桶效应：一个木桶装满水以后，只要把其中一块木条抽掉，木桶里的水就会流光；如果木桶的顶端有的高有的矮，那么水位线就是最矮的那块木条所在的水平线。企业也适用于这种效应，现在的企业要想稳定长久地运营下去，光靠一个人、一种资源、一个广告是不可能的，而要求这个企业的所有员工都要足够"精"。因为在企业中，员工是可以替代的，如果每个员工都有极强的能力，那么总体就不会那么容易被取代，在相对量上，关键性的人力资本会显示出突出的优势。

所以，对于一些竞争如火如荼或科技含量高的企业来说，人力资源一定要放在第一位，做总体性的规划，打造"专家型"的群体或组织，让员工的优势转化成胜利的资本。

成功不可能在一朝一夕实现，尤其是对于普通人来说，执行力比各种成功思维都要重要得多。给自己设定一个目标，把目标愿景设置好，再对目标进行拆分，逐步把各阶段的目标完成好，如果你能一直坚持下去，我们离成功也就不远了。

努力思考，在马上要到来的一周内，你都要完成哪些工作？哪些工作比较迫切？按照下表，一一罗列出它们，并严格遵照计划去完成。

一周执行计划表

时间	任务	存在的困难	应对措施	态度要求
周一				
周二				
周三				
周四				
周五				
周六				
周日				
总结				

汇报：恰到好处地向领导请示工作

对于刚刚进入职场的新人来说，时常要做的一件事情就是请示工作，这和以后你会不会获得更大的成长息息相关，同时也是一条免费学习方针政策、向上级学习的有效渠道。

职场上，有很多下属在向领导请示工作时，总是随时随地进行，其实，这样做是很不明智的，因为这样不但会让领导的正常作息被打乱，而且还会让领导心生不悦。而那些明智的下属，在向领导请示时，则擅长挑时间、挑地点，问询对方的观点，并在当下的事情中融入领导的意见。这样一来，下属不仅积极问询了领导的意见，还有效保证了工作的高效完成。

古人打仗讲究天时、地利、人和，其实现代人也一样，尤其是在向领导请示工作时，更要注意天时、地利、人和，还要再加上一条，善于察言观色。

　　先来讲一下天时，这是指下属愿景中的事和公司当前的发展规划是否相统一。举例来说，公司正在倡导增加收入、节约成本，呼吁大家对成本进行尽可能地压缩，而你却不合时宜地提出一项可行性不高的预算很高的项目，不仅不会得到领导的首肯，还会被领导扣上一顶不识时务的帽子。因此，在请示一件事情以前，一定要在心里掂量一下，看会不会为难领导。如果事情不是十万火急，而且做了领导还要承担比较大的风险，那就还是不要提了。

　　再来讲地利，这是指下属做的事有没有提前准备充分，只等待领导一声令下就可以了。在向领导请示以前，先要考虑周全，不能只考虑个大概，或者刚冒出一个想法，就立刻向领导提出来。有些人觉得工作上多请示多汇报是对领导的尊重，其实并不然，如果你在没有考虑好之前就向领导请求，是对领导的不尊重。因此，在事情的规划还有待完善时，即各项条件还不具备的情况下，最好还是不要贸然去请示，以免碰一鼻子灰。

　　最后再来讲人和，它是指在请示工作时，要找准时机和场合。比如，领导刚因为某件事怒火冲天，你这时跑去请示工作，这不是自找苦吃吗？还有，你还要看领导当时和谁在一起。如果领导身边有站在你对立面的人，你这边正慷慨陈词呢，对方在那边随意嘲讽几句，就极有可能影响领导的判断，或者直接给出不同意的意见。所以，我们需要提前考虑好，可以在会上请示的是什么事，可以在办公室请示的是哪些事，可以在饭桌上请示的是哪些事，而哪些事又可以在邂逅时请示。

曾经有这样一句话：今天你不知道领导的办公室在哪，明天你就不知道自己的办公室在哪。

也许乍一听到这句话，新入职场的人还嗤之以鼻，可是在职场上摸爬滚打多年的人，会对这句话背后所暗藏的意思了然于心。

不管你在什么样的单位任职，向领导请示、汇报工作都是必不可少的。有的朋友一遇到问题就想去询问领导，可是在走进领导办公室的那一瞬间，却不知道该怎么问了。领导问：你如何看待这个问题的解决方案？你有什么想法？之后他就含糊其词地说了一通，领导如堕云里雾里。

有人说：工作就是需要熬资历，可我却觉得不尽然，工作中更重要的是体察觉悟。"请示工作"这件看上去微不足道的事，是一个持续推进的过程，所涵盖的内容有提前把请示写完整、对领导近期情况加以了解、直接请示汇报、准备好次要请示。只要你对其中的道理有深刻的领会，做好这四个环节，领导很有可能会同意你的请示。

| 请示和汇报 | 用心写好请示 | 了解领导近况 | 直接沟通汇报 | 常备次要请示 |

乍一看上去，请示工作似乎不是什么难事，事实上讲究也颇多。

当身为下属的我们去请示工作时，该有的礼节也一定不要忘记。其中最重要的前提就是尊重领导，因为我们不可触犯领导的威严。即便问题再严重，下属都不可过于冲动，要理性对待。

又比如，如果在请示汇报工作以前，已经和领导约定好了时间，那么请千万不要迟到，这是最基本的要求。去得太早了也不行，会让领导原本计划好的事不能完成；去得太晚了也不行，领导会觉得在你眼里，他的时间根本不值钱。如果确实遇到意外，一定要及时说清楚原因，并请求延迟时间，或者另外再定时间，并真心实意地表示抱歉。

再比如，在汇报工作完成以后，就应该礼貌地起身说再见。当然，如果领导还有其他无关工作的事情想和你交流一下，你也不应该拒绝。当领导表示此次谈话结束时，你便可以起身离开了。

那么，在实际工作中，我们要想达到预期的效果，究竟应该如何请示呢？

首先，我们要对情况加以了解，梳理好方向。这样不仅是为了对问题加以分析，深层次理解问题。在向领导请示以前自己先做好充分的准备工作，包括事情起因、经过、结果等，这样当领导问起来时才不会手忙脚乱。

同时，是为了让思路明晰化，明确自己请示的目的、请示的对象是谁、具体如何请示，以及事情如何解决等。弄清楚这些，在向领导请示时才能有的放矢。

其次，要提出具有可操作性的意见，给出方案却不做决定。在向领导请示以前，不仅要摸清楚情况，还要提出一两种甚至更多的参考方案，以便领导决策，尽可能把"选择题"抛给领导，而不是要领导作答。请示不是直接向领导提问，而是对于所提出的问题给出有针对性的意见。可是一定要注意的一点是，尊重领导的意见，不可替领导做决断。有些新人刚入职场，自诩聪明，总是主动积极地替领导做决策，甚至在请示领导时"寸土不让"。这可就犯了请示的大忌讳了，因为你的身份是下属，你只是负责提出参考意见，最后做决定的是领导。

然后，不可操之过急，要让领导有充分的时间思考。请示的时候要给出回圜的余地，领导在听完你的请示以后，还要去了解具体情况，必要时还要听取其他部门员工或领导的意见。因此不要逼领导快速做出决定，可能领导一直没有给你答复，只是因为要好好斟酌一下，领导比你更注重把握全局，也更知道事情的紧急程度有多高。退一步来说，即便因此让工作遭到了延误，也不是你的责任。

再次，请示时要简单一点，要切中要害。向领导请示工作时，切忌长篇大论，要言简意赅地说清楚中心思想，在汇报时可以秉承这三个要点来进行，即"是什么？为什么？怎么办？"请示时要挑重点，而且语速不可太快，逻辑清楚，既要讲得清楚明白，也要让人易于理解。

最后，请示时要规范措辞，不可太口语化。我们请示的目的在于解决存在的问题，而且自己处理不了，必须寻求上级领导的协助。所以在请示时，为了让领导做决定时是有依据可循的，而且不会遭到其他相关部门诟病，就需要以书面的形式进行，这是比较规范化的处理方式。假如是部门内部的事情，而且事情不是很重要，用口头形式也行，但一定要做好记录。比如，你是一个副局长，要就一些问题向局长请示，你可以把你分管的科室人员带上一起汇报，这样不仅可以确保请示准确，而且有记录可查。

　　其实，人的本能属性是社交，普通员工也好，身居高位的领导也好，别人的尊重都是不可或缺的。工作中第一时间向领导请示、汇报，其实也是为了表达对领导的尊重。这一工作方法对于职场中的任何员工都是适用的，牢牢记住这条法则，你的职场之路才会少走一些弯路。

负责：不要把责任的皮球踢给别人

职场中最不能相信的就是眼泪，当遇到困难时，第一要务是想解决办法，而不是埋怨，更不是彼此伤害。只有果敢、敢于负责任的人，才能在职场上遇到更多贵人。

李佳从小就是个娇娇女，本着去大城市锻炼的目的，她来到了北京。可是到这以后她才发现，自己的心理素质太差了，根本承受不了那样的压力，租来的房子里承载了她太多眼泪。在工作中，只要一遇到困难，她就会找同事哭诉，让很多同事都不厌其烦。大家时常告诫她："遇事多想想解决办法，光哭是没有用的。"

李佳觉得这里的同事都太不通人情了，一气之下辞了职，可是令她心寒的是，竟然没有一个人开口挽留她。之后，李佳选择了一份相对轻松的工作，可是一段时间以后，她又觉得这份工作太索然无味了，再次决定换工作。这样折腾来折腾去，短短半年时间，她就已经换了三四份工作了，最后她决定还是回老家算了。

职场中，你要想得到重用，就必须足够坚强，并敢于承担责任。而一个人的选择，正是一个人生活态度和工作态度的象征。敢于承担责任的员工，不会在工作中袖手旁观，也不会把本应该属于自己的责任推卸给别人，总是尽职尽责地完成好分内工作。

事实上，公司发展的好与坏与我们每个人都息息相关，不要觉得公司的事情和自己毫无关系，不是自己分内的工作就不用做。公司发展得欣欣向荣，会惠及每一个员工，相反，公司如果因为种种原因垮台了，没有哪个员工可以幸存。

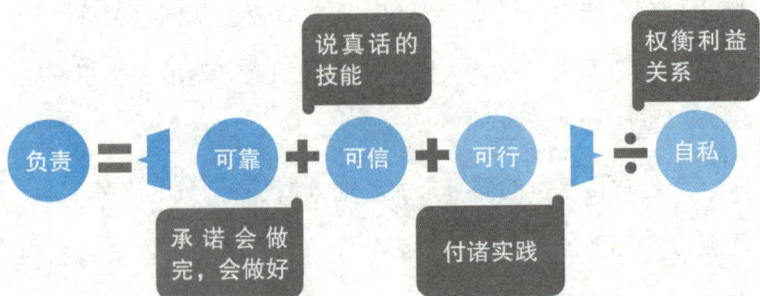

说真话的技能　权衡利益关系

负责 ＝ 可靠 ＋ 可信 ＋ 可行 ÷ 自私

承诺会做完，会做好　付诸实践

职场上有些员工就如同牵线木偶，提一下就动一下。这些人要么是因为太懒了，多付出一点劳动就觉得吃亏；要么是因为担心做得不好遭到批评，宁愿少一事不愿多一事；要么是觉得公司发展得好不好和自己一点关系都没有。这些想法和行为，都是缺乏责任心的表现。

要想在职场上得到更多的发展机会，就要敢于承担责任，要主动去做一些事情，不要凡事都听安排。

有位名人曾说："不要总是等着别人给你安排工作，而要主动去了解有什么是自己可以做的，并对此进行计划，然后尽职尽责地完成。试想一下，在那些成功人士中，根本找不到任何一个被动等待别人安排的人。你要全身心投入到工作中，并付出持续不断的努力，就像母亲对待孩子一样，保

好好工作，积极主动　　　　懒癌复发，离不开床再躺会

有十二分的热忱。如果真的做到了这样，你便会无往不前。"

始终要牢记的一点是，企业和老板只负责提供给你展示的平台，而你自己才是决定上演什么精彩剧目的主角。

那些凡事等着老板安排的人，极易成为"按钮式"员工，做一天和尚撞一天钟，工作时活力不足，也不会锐意进取，只是把老板安排的工作做好就万事大吉了。他们看不见，也听不到"分外之事"，即便是油瓶倒了，只要不和他们相关，他们也断然不会伸手。

显而易见，这种工作方式让人失去了主动性，沦为"工具人"。从根本上来说，这种消极的工作方式就是缺乏责任心的表现。公司给每个人提供了广阔的发展空间，至于你要如何表演，则由你自己来决定，老板只能给你指引，至于你最终走向什么样的发展道路，则取决于你自己。假如每件事都要等着老板来给你安排，不愿意积极主动去争取，那么你的表演空间将愈发狭小，最终沦为职场中的看客，失去主场。

王华在一家家具销售公司任部门经理一职，尽管他已经是这个行业的老人了，经验也非常丰富，可是由于他缺乏工作责任心，懒散、懈怠，一犯错就极易喜欢推卸责任，"我之所以没有及时发货，是因为老王给我安排了其他的事情……""原本我也觉得这个价格太低了，可是小李觉得这个价格也算不错了……"

　　有一次，他先一步了解到一个讯息：公司打算让他们这个部门的人去外地谈一项业务，据说这项业务非常难以谈下来。他担心事情没完成好会受到领导的苛责，于是早早把假请好了。第二天，领导把任务安排下来，因为他请假了，便要求他的助手向他转达此次工作任务。当他的助手给他汇报这件事情时，他便打着生病的旗号，让助手前去处理这件事情，结果因为助手经验不足，让这笔业务的利润低得不能再低了，公司等于竹篮打水一场空。

　　半个月以后，老总打电话问这项业务进行得怎么样了，王华担心自己要承担责任，便打着请假的旗号，声称自己并不知情，都是助手来办的。他全力为自己辩解，说这件事不应该由他来负责，责任应该在助手身上。事实上，在和老总通话时，王华的助手就已经把责任都揽到自己身上了，而且对整件事情进行了客观的描述。

　　次日，老总的解聘通知就发到了王华手上。老总是这样说的："作为部门经理，你连敢于承担责任的勇气都没有，还让自己的下属来承担责任，既然你这么没有担当，就让有担当的人来坐这个位置吧。"

　　王华这时才明白过来，推卸责任真的太不可取了，他也为此付出了昂贵的代价。

　　工作中难免会出现失误，谁也不能保证自己就一定不会出错。可是，如果出错了不敢承担责任，企图掩盖自己的失误，这才是最可怕的。

　　对于工作中的失误，假如员工愿意坦承自己的失误，说明他有勇气和信心去承担责任，这不但彰显了一个人的工作态度，也彰显出了他为人处世的品质。

　　没有哪个人是十全十美的，犯了错及时改正就好了。而遇到问题选择逃避则只会让人觉得你没有责任心。假如员工敢于承担责任，敢于自省，可以在错误中吸取经验教训，并及时改正，那么错误也会成为一笔宝贵的财富。敢于承担责任，拥有较强的责任心，这样的员工才会得到老板的赏识，也才能在事业上永攀高峰。

挑战：危急关头，并肩作战不逃离

华为作为民族品牌，内驱力一直都是创新和挑战。之前刷知乎时，我曾经看到了这样一则华为员工分享的故事：

作为一个初出校园的新人员工，我在华为拿到的第一个月的工资是 8000 元，在当时，这笔薪资已经相当丰厚了。为了不白拿这份工资，我不想像其他新人员工一样——每天只是固定地完成领导交付给自己的任务，而是努力让自己充实起来，主动去找事情做。不久，我的努力就落入了领导的眼里，领导给我涨了 2500 元的薪资。尽管说起来是件好事，可是我的工作任务并没有增加，我不由得觉得自己配不上这么高的薪资。

后来，领导开始交付给我更难的工作，而我也尽全力完

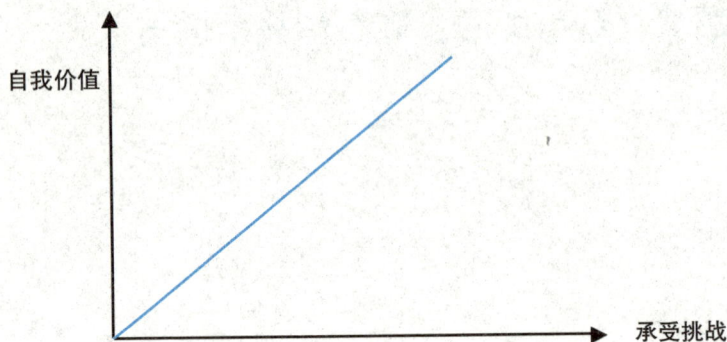

经受的挑战越大，成就的自我价值越大

成到最好。就这样，我的工资翻了一番。后来，领导决定派我去国外工作，支付的薪水又比从前高了很多。为了对得起领导的赏识和薪水，我答应了驻外。

国外的工作真的很辛苦，可是我依然坚持下来了，因为我不能对不起那份高工资。在那期间，我反复跟自己说：等回国以后，我一定要换一份轻松一点的工作。

可是，回国以后，我的薪水再次上调，我依然没能拒绝这份高工资。

在这则故事的评论区，网友们纷纷表达了羡慕之情，甚至希望自己的公司也可以这样做，用钱来让自己心甘情愿好好努力。他们觉得，这个故事里的"钱"是最吸引人的。

可事实却是，这个故事所表现的更深的主题是一个职场人，持续挑战自己，一路摸爬滚打，进而让自我价值得以实现的过程。

曾经有人向一位企业家提出了这样一个问题，问他喜欢航海的原因是什么。他是这样回答的："航海和经营有异曲同工之处：一个企业要想好好地发展下去，离不开所有员工的共同努力，就如同一艘船要想乘风破浪，就需要所有船员齐心协力，打好配合战，才能顺利到达目的地。"

通用电气集团上一任总裁韦尔奇曾说过这样一句话：相比一加仑胆汁，一滴蜂蜜抓住苍蝇的可能性更大。作为一名优秀员工，只有和其他人保持同一阵营，变同事为朋友，才能让其他人和你观点一致，并打造一个舒心的工作环境。唯有如此，一滴蜂蜜的作用才能真正展现出来。

英特尔公司前总裁安迪·葛洛夫曾在加州大学伯克利分校的邀请下，给毕业生做一次演讲。在演讲中，他提出了这样的意见："无论你的工作单位在哪里，都不要以员工的身份自居，而应该具有公司主人翁精神，把公司当作是自己开的，只有你自己才能掌控你的职业发展前途。无论什么时候，你和老板之间达成共识，你都是最终受益者。"

其实，只有让自己定位清晰，开阔眼界，孜孜不倦地去努力，才不会过于自信，也才能让自己的事业发展得越来越好。

可能有人会说得过且过很爽，真正的挑战都不像表面上看上去那么简单。其实，我们只有摆正了对挑战的态度，认为挑战就是在升级自己的认知，这样才能更好地应对挑战。

下面给大家看一张达克效应图：

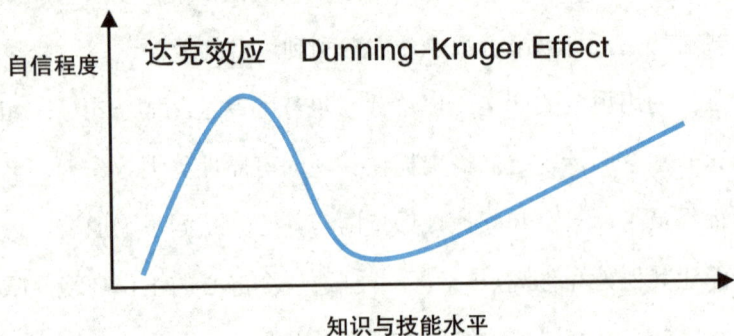

自信程度　**达克效应　Dunning–Kruger Effect**

知识与技能水平

1999 年，两位心理学家 Kruger 和 Dunning 写过一篇主要内容为"达克效应"的报告。他们通过研究人们阅读、驾驶、打网球等各种技能，发现：

1. 能力不高的人往往会过于乐观地估计自己的认知水平；

2. 假如能力不高的人可以经过适当的训练，让自己的能力水平提上去，那么到最后，他们会对自己之前的无能程度有清醒的认知。

从这里我们不难发现，只要我们可以把位置放正，直面挑战，就可以通过挑战，让自己的能力得到提升。尽管挑战的过程充满了艰辛，可是越是艰辛，越能证明你有能力。从这个角度来说，接受挑战不仅是为了公司，同时也是为了自己。

来到一家企业工作，就如同到了一条船上，你唯有竭尽全力，把自己的本职工作完成好，没有其他的选择。所有船员都付出全部，才能保证船中途不会抛锚，没有人希望行驶到一半时，船会出什么问题。

在现如今的企业团队里，所规定的工作范围，事实上只是给每个人划定了一个最小的圈子。对工作充满热情，有着满腔抱负的员工，不可能让自己被这么一个小小的圈子所桎梏，而是持续寻找学习的机会，多为公司做贡献，把自身的业务水平提上去，才能在工作上有所作为。

分享：不唱独角戏，让大家都有表现的机会

　　没有人不想做主角，没有人不想成为人群的焦点，接受他人的夸赞。为了实现这一夙愿，有人不惜在人前显摆自己，极尽可能地长篇大论，尽可能让大家把目光聚焦在他的身上。无论什么场合，只要有他们在，其他人就只有靠边站。

　　可是就如林语堂所说的："绅士的演讲应当像女士的裙子，越短越迷人。"谁都想当主角，没有人想当观众。因此，在与人打交道时，适时地让别人表现自己，才能让交流变得深入。

　　正所谓"木秀于林，风必摧之"，只想一枝独秀的人，通常是招人妒忌，甚至憎恨的对象。不让别人有机会表现自己，就相当于给自己找了一个敌人，最后也会让自己处于孤立无援的境地。

　　有一次，公司带队出去玩，原本大家都玩得很尽兴，可

是等到最后合影留念时，同事 C 却直接霸占了最中间的位置，大部分镜头都落在她身上。

更让人无法忍受的是，同事 C 并不觉得自己的行为已经惹恼了大家，还一个劲地招呼大家："大家都往中间靠一靠，要不然镜头都照不到了。"

其他同事对她的行为极其不满，可也不好说什么，但是以后大家都自发地离她远远的了。

事实上，在平常生活中，我们可以见到很多像同事 C 这样的人。这类人明明工作成绩斐然，方方面面都是能手，也对公司做出了很大的贡献，可是却无法得到大家的认可，甚至都没有人愿意跟他们亲近。原因就在于他们太过于显眼了，总是不给别人表现的机会。

当然，还有一部分人自身并不想彰显什么，可是因为担心自己的好不被人所看见，所以拼命表现自己，力求把每件事都做到完美的程度。可是这样并不一定会得到他人的认可。假如我们只是把自己好的一面表现出来，而没有用心地发现他人身上的好，甚至在自己擅长的领域压根不让对方有机会表现自己，时间长了，关系自然就失衡了。

而且，站在另一个角度上来说，越是极尽所能展现自己的人，越容易出错。美国前总统小布什就是一个话痨，有人这样评价他，说在历届美国总统中，最喜欢演讲的人就是他，同时，他所犯的错也是最多的，甚至被汇编成册。

古人说："青蛙、蛤蟆每天叫个不停，即便嗓子都叫冒烟了也没有人发现它们的存在，可是公鸡只是每天按时鸣叫，人们就知道天亮了。可见话多了并无益，只要找准时机说就好了。"和人交谈时，说得最多的并不是说的最好的，反而说得越多，错的可能性就越大。说话是这样，待人接物也是这样。

让别人有机会表现自己，就是让别人有施展的空间，同时也是在给自己创造更大的发展空间。情商高的人知道适时退出舞台，让别人有机会走上舞台，因为他们深知，一枝独秀最后只会给自己带来更多的敌人，只有坚持利益互惠的理念，朋友才会越来越多。

古希腊有这样一句谚语："多让别人有表现自己的机会，就是给自己多准备了一条路。"多给别人留下展示的空间，才能获得大家的支持，当自己需要他人伸出援手时，别人才不会袖手旁观。擅长把机会留给他人的人，通常会让自己收获更多的机会。相反，一心想着表现自己的人，往往难以在人际交往中如鱼得水。

当然，没有人不希望获得别人的夸赞。可是，当我们过于招摇时，无形中就会给别人造成压力，假如我们再表现出一定的优越感，那么就会让别人对我们产生抵触心理，甚至会仇视我们。所以，对于自己所取得的成绩，我们不要浓墨重彩，要表现谦卑一点，多给别人表现的机会，唯有如此，我们才能拥有和谐的人际关系。

在与人交往时，我们可以试着掩盖自己的锋芒，这样会极大地有利于我们自己。很多时候，那些擅长指点他人，总觉得自己的能力高过别人，借助各种机会表现自己的人，通常会让别人对你心生嫉恨。

规划：会做准备工作的人机会更多

　　法国知名微生物学家、化学家路易斯·巴斯德曾说过这样一句话：在观察的领域里，机会往往垂青于那种有准备的头脑。后来这句话衍变成为"机会是留给有准备的人的。"这句话告诉我们，机遇通常难以被人所发现，需要人主动去寻找，机遇不是等来的，而是创造来的。机遇的停留时间很短，要把握住。

　　鲁班是我国古代伟大的发明家，有一次，他上山砍树，不小心被一种野草割破了手，顿时血流如注。这时他关心的不是自己受伤的手，而是想知道什么草这么厉害，这时才发现这种野草的叶子两边有锋利的齿。从事木工工作的鲁班不由得计上心来，自己每次锯树木都那么费事，如果也把锯子弄成这种齿状的，是不是会很省事呢？于是，有了灵感的他一回去就潜心研究起来，最后终于发明了锋利的锯子。

　　机会总是留给有准备的人，你只有准备充分了，再适时抓住机会，成功就不是什么难事。所有人都适用这一点。

阿美就是一个非常有规划的人，这一点不仅表现在平常生活中，还表现在工作中，不管做什么事，她都会早早准备好。正是因为这样的准备，才进入公司没多久的阿美就被领导委以重任。

当有人向她请教怎么才能在工作中获得更多的机会时，阿美给出了四个字：职业规划。

没错，对于所有在职场上摸爬滚打的人来说，职业规划这项技能是不可或缺的。懂得职业规划，才能在工作中先人一步做好准备，也才能在机会降临时牢牢把握住。

想要把职业规划做好，对自己的职业有清晰的定位是前提。所谓职业定位，就是对于你的职业要朝哪个方向发展，

你要有清晰的认知，在你的整个职业生涯发展历程中，这是一个战略性问题，同时也是最核心的问题。

简而言之，职业定位的含义有三层：一是确定你是谁，适合什么工作；二是告诉别人你是谁，擅长做什么；三是根据自己的特长、能力和爱好，选择一个适合自己的岗位。

一般来说，现在的职业定位主要有三种。

第一种是技术型职业定位。

具有这种思想的人出于自己的爱好和兴趣，通常喜欢在自己的专业技术领域发展，而不喜欢从事管理工作。一些公司不培养专业经理，而是提拔一些技术过硬的员工做领导，不过这些员工还是更喜欢继续研究自己的专业。

第二种是管理型职业定位。

这类人愿意从事管理工作，也能胜任高层领导岗位。所以，他们将自己的职业目标定为有较大竞争力的管理岗位。要想成为高层管理人员，需要具备分析能力、人际协调能力和情绪控制力。

第三种是创造型职业定位。

这类人才喜欢创造完全属于自己的东西，比如以自己的名字命名的工艺或产品，或者其他可以反映个人价值的私人财产。在他们看来，自己的才干就是通过这些体现出来的。

　　做好职业定位的前提，是要有正确的自我认知，就是要知道自己是什么性格，长处和短板是什么。也就是说，要想做好职业定位，就要在了解自己的同时，了解不同的职业。

　　其实，大多数职场人都明白，蹉跎时间根本不可能成为优秀员工，在机会到来时也无法抓住。

　　优秀员工是通过个人的努力获得公司和同事的肯定的，那是不是说只要努力就万事大吉？并不是，要想成为一名优秀员工，还需要一份长期的职业规划，才能保证自己的职场之路不会走偏。

　　每个人都有自己的优点和缺点，只有清楚地认知自己的优点和缺点，才能做好规划，及时调整，一方面不断提升自己，改正错误，另一方面放弃那些不适合你的职业。

　　另外我们还要知道，职场中总是机遇和威胁并存。找到这些外界因素，也有利于你找到一份适合自己的工作。对于公司来说也是如此，如果一个公司经常受到外界不利因素影响，那它的前途堪忧，自然无法为你提供好的晋升机会。反之，如果一个公司被外界积极因素所影响，就可以为你提供好的职位。

　　正所谓不打无准备之仗，只有为自己做好规划，才能百战百胜。如果你想把握机会，那就做一个懂得提早准备的人，第一步就从职业规划入手吧！

第七章

防患未然，如何抵御不靠谱带来的风险

风险控制：首先要学会及时止损

　　管理学大师彼得·德鲁克曾经说过，人生最悲哀的事，就是用最高效的方式去做错误的事情。

　　人活一世，谁都无法保证自己不会走错路。如果你沿着一条路走了很久，却一直都无法到达自己想去的终点，你会选择坚持，还是放弃？

　　人依靠信念坚持做一件事情，这无可非议。但是一旦你发现自己走错了方向，就应该果断地停下来，及时调整方向。因为就像易中天教授所说："人生如果错了方向，停止就是进步。"

　　生活中，我们难免会遇到一些突破我们底线的事情，至于到底要不要坚持，选择权就在我们手里。关键时刻，千万不要手软。人生在世，走错路是在所难免的事情，最可怕的是你沿着错误的道路一路狂奔，不懂止损。

　　有人说："人生中 90% 的不幸，都是因为不甘心，也因此，很多人不懂得及时止损。"

生活中，这样的情况并不少见：厚着脸皮到处找人砍价，到手的却是残次品；明知道这个公司毫无前途，却不断安慰自己宁当鸡头不当凤尾，结果最后公司倒闭，自己卷铺盖走人；明知道和另一半性格不合，却妄想通过磨合来让彼此的关系变得融洽，最后，只能让自己的生活一地鸡毛。

对于生活中很多的不如意，其实我们早就知道该放手，却沉迷于一开始的幸福假象，硬要死磕下去。实际上，止损并不是逃避，而是放弃那些毫无意义的心有不甘。

其实，人之所以会心有不甘，通常是"损失厌恶"在作祟。在心理学上，这是一种非常普遍的现象，也就是说，人对损失的恐惧超越了对收益的渴望。

收益

**两倍
损失**

可事实上，这种不甘心真的可以给我们带来收获吗？答案是不能，只是因为我们不甘心放下自己的付出，所以暂时沉溺其中，让自己感到安心。比如，如果你在路上遇到一家高档餐厅，价格昂贵，也许你会想再多看看，多比较比较。但是如果你走了很久才又遇上另外一家饭店，不但价格昂贵，档次还不如前一家，你多半不会再找下去，而是会咬着牙进这家餐厅消费。

对于生活，我们总是充满了各种美好的想象和向往，甚至时常会畅想自己付出勤劳之后有所收获的喜悦。但是，生活并不会主动打破我们的遐想，只会在我们用尽全力却一无所获之后让我们发现，原来一开始我们的方向就是错的。

丹尼尔·卡尼曼是诺贝尔经济学家获得者，他曾经做过这样一个实验：在大街上随机找一群人，让他们抛硬币。如果硬币正面朝上，就可以赢得100元，反之就要输掉100元。从概率上来说，输赢的概率是相同的。可尽管如此，大部分人还是拒绝参加。

显然，人们对于输掉100元的恐惧，要强过赢得100元的诱惑，而这就是"损失厌恶"——失去给人的感受要强过得到。

之后，卡尼曼改变了实验规则：先给路人500元，然后让路人做出选择，要么退回250元，带着剩下的250元离开；要么抛硬币，如果硬币正面朝上就退回500元，如果硬币反面朝上就带着500元离开。

这一次，绝大多人因为害怕失去250元而选择了抛硬币。为了弥补这种恐惧，他们宁愿承担丢掉500元的风险。

由此，卡尼曼得出这样一个结论：人们天生就对损失有着恐惧，为了避免和挽回损失，宁愿冒更大的风险。

其实，人的本质就是感性动物，很容易被恐惧情绪影响，与其推倒重来，他们更愿意去固守现有的东西。

朋友阿明就是如此。

每次见面，阿明都会抱怨个不停，不是说工作辛苦，就是说收入太低，要么就说老板抠门，总是不给涨工资。

大学毕业后，阿明进入了一家公司，从基层做起。多年来，和他一起进公司的同事有的主动跳槽，有的被别人高薪挖走，现在工资都是阿明的几倍。

阿明目睹这一切，心中也很憋屈。论能力，他并不比那些同事差，如果他跳槽，涨薪并非难事。可现实是，他一直在现在这家公司，薪酬原地踏步，升任部门经理之后，也只是比原来多了几百块钱的工龄补贴。

阿明对此十分苦恼，也多次去找老板谈加薪的问题，但是每次老板都有一大堆理由，不是说项目成果太高，就是说公司运行困难，总之就是不松口。

老板知道，阿明在公司打拼多年，好不容易做到了部门经理，如果跳槽，势必要从头开始。他就吃准了阿明受不了这一点，笃定他不会跳槽。

于是，阿明每天都过得十分纠结，一边不满现状，一边下不了决心跳槽，只好每天在抱怨和郁闷中浑浑噩噩地度日。

其实，如果阿明真的有魄力离开这家公司，迎接他的会是更高的工资和更光明的前途，可是就因为他不及时止损，不敢跳槽，导致自己只能在抱怨中忍受着低工资。

《狼图腾》中有这样一句话："当地人会在草地上设置一种强有力的捕兽夹子，能牢牢地夹住野兽的腿，但他们极少捕到狼。并不是它们聪明，而是狼在被夹住后，会第一时间咬断自己的腿。"

如果你已经认识到自己的努力没有什么意义，就算再怎么坚持，也不会有好结果。就像"鳄鱼法则"讲的，如果你被鳄鱼咬住了脚，又用手去试图挣脱，那手也会被咬住。你越挣扎，被咬住的地方就越多。

因此，一旦你被鳄鱼咬住了脚，唯一的脱身之法就是牺牲这只脚。这就是及时止损，让你摆脱已经损失的不甘心。知道什么才是正确的路，才是人生的最高智慧。

那么，到底该怎么做，才能及时止损呢？

1. 看清自己的现状。

花点时间来想想，自己的处境如何，不要因为一时不顺心就想抽身离去。毕竟，一时的挫折和一生的后悔是不一样的，在做决定之前要三思，但是想清楚之后也不要犹豫不决。

2. 找准止损时机。

如果你发现一件事正在朝着你不想看到的方向发展，而且你也无力改变这件事的前进方向，那这就是你止损的最佳时机。错过这一时机，只怕损失会更大，甚至难以脱身。

在动物界，蜥蜴可以说是勇于止损的典型，在遇到天敌攻击时，蜥蜴会丢掉自己的一节尾巴，趁机逃跑。这样，虽然失去了一条尾巴，但它能够保住性命，而且过不了多久，新的尾巴又能长出来，对它的生存不会造成很大的影响。

而人类中勇于止损的人也不是没有，就像我们耳熟能详的那个成语——壮士断腕，说的就是勇士的手腕被毒蛇咬伤。现在勇士面临两个选择：截断手腕，阻止毒性扩散，保住性命；或者保住手腕，任由毒性扩散，最后丧命。留给勇士思考的时间并不多，因为毒性还在扩散。于是，为了避免毒性扩散，勇士当机立断截断了手腕。要想做到这一点，除了要有勇气，还要有生活的智慧。只有懂得及时止损的人，才能将损失降到最低，才能拥有更好的生活。

不管是工作、生活还是感情，如果你发现了大问题，却没有止损的勇气，只想听之任之，那生活一定会给你好好上一课。只有懂得止损，及时放弃，才有机会重新开始。

制订计划：别让事情脱离自己的掌控

S小姐和男朋友分手之后，一直难以走出这段感情。直到一个多月后，她才算是有勇气回望这段过往。

S小姐刚进入现在就职的这家公司不久，就认识了前男友。当时，前男友对她十分照顾，还多次想约她吃饭。但是S小姐觉得，自己只是公司的新人，跟他不熟，如果单独吃饭，怕会引起误会，就拒绝了。

入职久了，S小姐才知道他有女朋友，心里更加庆幸之前没有答应单独和他出去吃饭。

过了一段时间，他又约S小姐吃饭，S小姐本想拒绝，但是转念一想，他在工作上对自己多有照顾，而且也已经邀约了几次，如果再拒绝，实在是有些不识抬举，也就同意了。没想到这顿饭吃完没几天，他就表白了，说已经喜欢她很久，还和女朋友分手了。S小姐对此非常内疚，觉得是自己破坏了他们的感情，果断拒绝了。没想到，他穷追不舍，经常写情书，送花。在他猛烈的攻势下，S 小姐同意了他的追求。

没想到两个人刚交往不久，他的态度就不像从前了。之前追她的时候，他总是嘘寒问暖，遇上她加班，他也会陪着一起加班，天气不好的时候还会送她回家。可现在，就算她加班到深夜，他都不闻不问。

有时候，S 小姐遇到什么难题，或者有什么好玩的事情和他分享，他从来不会在第一时间回复，要么隔很久才懒洋洋地回复一下，要么直接不回复。S 小姐觉得自己的一腔热情都错付了，也就不再热衷于给他发消息了。

时间长了，S 小姐就觉得他应该是对自己失去了新鲜感，就想分手。没想到他死活不同意，再加上 S 小姐对他还有些感情，两个人就和好了。

没想到两人刚和好不久，他的态度又冷淡起来。一天晚上，两个人吃完饭，又发生了不愉快，他居然扔下 S 小姐一个人走了。S 小姐非常生气，自己打车回了家，决定这次说什么都要跟他分手。

之后的一个多星期，两个人都没怎么联系，在公司也是刻意避开对方。一天，S 小姐一个人出去吃饭，在餐厅里看到他和另一个女孩子正在共进晚餐，两个人有说有笑，关系亲密。S小姐这才明白，原来他已经有了新欢。她很想走上前去问个明白，却又没有勇气，只好匆匆离开了餐厅。

事后，S小姐越想越生气。她非常不甘心，自己明明是想和对方白头到老，没想到对方居然是个花心大萝卜。不过最让她后悔的不是与他的交往，而是当初没有坚持做自己，放弃了原本的计划和生活。那时候，只要他稍有不满，她就会从自己身上找原因。他喜欢短发，她就为他剪掉了自己的及腰长发；他喜欢化了妆的女孩，她就买回很多化妆品，笨拙地在自己脸上化妆……现在回想起来，自己为他做出了太多改变，甚至已经失去了自我。想到这里，她悔不当初。

其实很多女人都是如此，陷入爱情之后，就一步步放弃了自己本来的计划。有些人会放弃适合自己的工作，有些人会放弃自己的爱好，还有些人会放弃自己的学业。直到最后她们才会发现，这些付出并不值得。

其实，我们的生活中除了爱情，还有很多别的东西，没有必要为了爱情放弃自己的计划。相反，你只有做好了计划，才能成为更好的自己。

就像古人说的：凡事预则立，不预则废。很多人都知道计划的重要性，却因为受到自己的认知或者经验的局限，导致无法制定出一个完善、可行的计划。

那么在日常生活中，我们该如何制订一个可行的计划，好让自己的工作和生活处于掌控之中呢？

首先，我们要知道制订计划的原则。

很多人在制订计划时，会把自己的一天安排得满满当当，甚至具体到每分钟。这样做，其实只是看起来很完美，但在具体执行的过程中，会有很多问题。要知道，欲速则不达，如果你过度计划，很容易让给执行增加难度，并且在完不成计划时，你会很有挫败感。

其实原因很简单，人毕竟无法像机器那么精确，而且一些突发情况也会打乱我们的计划。如果不给这些情况预留时间，一旦某个事项没有在规定的时间内处理完，后续的一系列计划都会被打乱，这就是计划执行过程中的"多米诺骨牌效应"。

从期望值来说，我们要认识到，自己是一个有血有肉的人，不是机器，因此没有必要对自己过于苛刻。人难免会有想偷懒的时候，在这个时候，一定要学会跟自己和解，尽情地享受这一段时光。千万不要一边偷懒一边怀有负罪感，这样只会让结果更糟糕。只要你每天进步一点点，日积月累也会取得很大的进步，这总比原地踏步要强。因此，可以适当放低对自己的期望，如果完成了计划，可以给自己一定的奖励，如果没有完成，也不要沮丧，后面继续努力就可以。

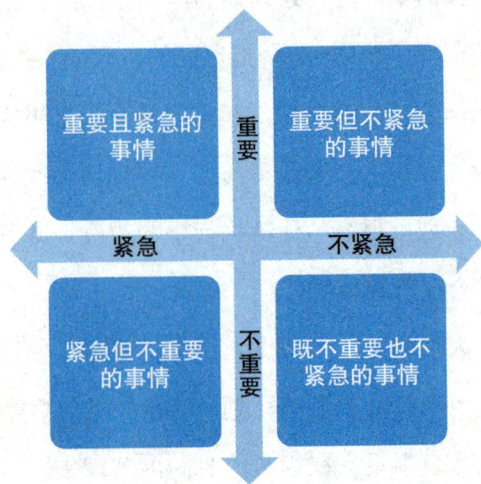

	重要	
重要且紧急的事情		重要但不紧急的事情
紧急		**不紧急**
紧急但不重要的事情	不重要	既不重要也不紧急的事情

　　其次，制订可执行的计划，需要循序渐进。

　　这个过程分三步，第一步是设定目标。这个目标的设定需要满足 SMART 原则，也就是说，你所做的计划必须是具体的、可衡量的、可达到的、结果导向的、有时间限制的。其次，要学会分解目标，把大的目标分解成小的，把长期的目标分解成短期的，将目标分解之后，你执行起来才会有方向和动力。

第二步是对设定的目标进行排序，排序可以遵循时间管理上的"四象限法则"。"四象限法则"将人日常需要处理的事务分为：重要而紧急的事情、重要但不紧急的事情，紧急但不重要的事情、既不重要也不紧急的事情。

第三步是给已经排序的目标进行时间分配。分配时间时，要先进行估算，并留出一定的时间用于休息和处理突发事件。比如，如果你写一个方案需要 40 分钟，就可以给它留出一个小时左右的时间。

再次，要付诸实践，在这个过程中，尤其要注意效率，如果觉得自己的效率不够高，可以试着采用"番茄工作法"，也就是选择一个待完成的任务，将番茄时间设为 25 分钟，在此期间专心工作，等番茄时钟响起后，休息 5 分钟，再开始下一个番茄，每四个番茄可以多休息一会儿。

最后，我们要实时进行检查和调整。一开始做计划的时候，一定有一些考虑不周的地方，在计划执行一段时间后，这些地方就会暴露出来，此时就要根据实际情况来调整原有计划。

问题管理：看清事情的本质和隐藏的漏洞

小君就读于名牌大学，毕业后如愿进入了国内一家大型咨询公司。入职不久，他就接到了领导安排的任务——做一份行业研究报告，一周后拿给客户。

小君接到这个任务后，兴奋之情溢于言表。一是因为这是他进入公司后接到的第一个比较大的任务，二是因为这是领导亲自安排的。接到任务后，小君立刻开启了忙碌模式，每天都要查阅各种资料，做 PPT，发誓要拿出一份让老板眼前一亮的分析报告。

忙了几天后，小君终于做出了一份自以为完美的报告。没想到，老板只看了一眼，就不咸不淡地说："辛苦了，虽然你很用心，但是不得不说，你这份报告毫无用处，因为你只注重分析，却没有任何实际的指导意义，把它交给客户，只怕这个客户就要流失了。"

　　小君听到这番话，犹如当头被泼了一盆凉水。原本他还满心期待老板会表扬自己，没想到自己熬夜做出的报告，就得到这么一个评价。

　　好在小君是一个非常善于自我激励的人，他马上收拾心情，并认识到这样一个问题：与其埋头苦干，不如静下心来，仔细思考哪些问题需要解决，并努力将这些问题解决掉。

"问题管理"原则

原则一： 问题就是资源，挖掘问题既是挖掘隐患，也是挖掘潜力。

原则二： 突发事件（或危机）不是突发的，是由小问题积累而成的。

　　而这，实际上就是一种"问题管理"的能力，具备这种能力的人不但能够看清事情的本质，还能洞悉事情背后的漏洞。这种能力其实并不像表面上看上去那么简单，实则很厉害，很多情况下，就是因为我们被表象所限制，所以才难以看清事物的真实样貌。

　　如果我们被表象所限制，做出一些不明智之举就在所难免了，最后让自己后悔不已。而假如我们掌握了"问题管理"

的能力，就可以把问题背后所暗藏的本质找出来，不被表象所限制，把问题简单化，从而高效解决问题。

爱因斯坦曾说过："假如给我 1 个小时解答一道决定我生死的问题，我会花 55 分钟来弄清楚这道题到底是在问什么。一旦清楚了它到底在问什么，剩下的 5 分钟就足够解答这个问题。"

用 55 分钟来把问题的实质搞清楚，再用 5 分钟来把问题解决掉，"问题管理"的实质就在于此。

可是，大部分人在平常生活中却是这样做的——看到问题就想立刻去寻找答案。

其实，人们每天要处理的工作，基本上可以划分成这样两类：一是过程导向型，二是结果导向型。前一种只需要按照既定的过程，一步步完成好就行了，不管是谁来做这件事情，所产出的价值都是差不多的。这些岗位的市场价值大体上没什么变化。如果你从事的是过程导向的岗位，那么由于单位时间的基本价值是不会变的，所以你必须多花时间，才能产生更多价值。

像销售、设计、策划等都属于结果导向型的工作，它们的工作定律是固定的，即在相同的工作时间内，谁创造的价值更多，绩效更高，拿到高薪的可能性就更大，如此一来，人们之间就会出现收入上的差别。

结果导向型的工作不是看你付出了多少劳动，而是看你的劳动产生了多大的价值。事实上，我们大多数人的工作都是结果导向型。假如想要产出更多的价值，把多花时间这个方式排除在外，还可以有这样两种途径选择：一是做有更高的价值的事；二是把事情做得更快。

	自主性	结果差异性	单位时间价值
过程导向型工作 （苦劳型）	低	小	相对固定
结果导向型工作 （功劳型）	高	大	差异大

取决于

做有更高价值的事　　做得更快

而很多人却采取了反方向的做法，他们不愿意去花时间学习怎么选择高价值的事，打比方说，找到真正需要解决的问题，而是把大量的时间花在时间管理上，在学习和工作上花更多的时间，还会不遗余力地练习，让事情做得越发得心应手。

那么，怎样才能把真正值得解决的问题找到呢？

事实上，这句话的意思是说：有些问题是不值得被解决的，而不是说所有问题都是真正的问题。

人们所遇到的问题基本上都只是表象问题，而表象问题并不能完全等同于真正问题，因为它们之间存在三个方面的偏差，即理解偏差、隐藏偏差和成因偏差。

理解偏差时常在别人要你解决问题的时候出现。假如这个问题的提出者是别人，那么你们就会在理解上出现偏差，你要通过向对方提问的方式，把真正的问题弄清楚。

隐藏偏差时常在和他人发生矛盾问题的时候出现。每个人都是一个独立的个体，心口不一的现象很常见，当你和他人发生矛盾时，先用心把别人内心真正的需求找出来才是最重要的，而不是先迫不及待地把表面问题解决掉，这样才有助于把真正的问题找出来。

成因偏差时常在解决商业性问题的时候出现。很多问题都是有前因后果的，只有把原因找出来，并加以解决，才能暴露出问题。因此，我们不能只注重于表面问题的解决，而是把事情起因弄清楚，把根本问题解决掉。

那么，把真正的问题找出来，是不是就意味着问题能够得到解决了呢？

　　答案当然是否定的。这是为什么呢？因为并不是所有问题都值得被解决。这是为什么呢？因为在这个世界上，每个人面对的问题都层出不穷，而且很多问题压根无解。

　　假如用图来表现问题的解决程度和关键程度之间的关系，可以看下面这幅图。

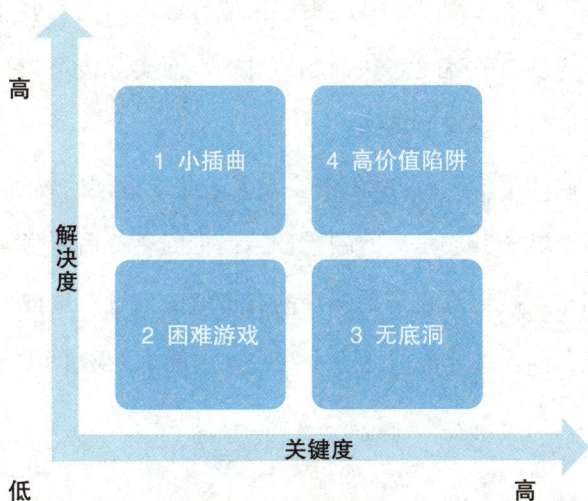

　　方格 1 中的问题不太关键，迫切需要解决，往往这类问题应对起来很容易，即我们常说的生活中的小插曲。

　　方格 2 中的问题不太好解决，不太关键，会费一些周折。为此，为了解决它，我们要给出相应的时间，假如解决不了，就及时放弃，要不然就是白费功夫。

方格 3 中的问题很关键，不太好解决，即人们常说的无底洞问题，在这些问题上花费时间和精力，太不值得了。

方格 4 中的问题很好解决，也很关键。事实上，人们应该花时间解决的就是这类问题。可是，这类问题往往暗藏玄机。这里的玄机是指因为人们对这类问题非常关注，因此会花大量的时间来思考，却迟迟不采取行动，因为人们会觉得自己思考的过程就是解决问题的过程，而实际情况却是，他们只是被焦躁不安所裹挟。

当问题出来以后，我们并不是先去想怎么把问题解决掉，第一步要做的其实是"问题管理"：把问题背后所隐藏的漏洞找出来，找出真正需要解决的有价值的问题。这样，在解决问题方面，你才能成为个中高手，才能为人所信赖。

优化人脉：构建自己的社交网络

在如今我们所处的这个时代，处处可见人脉关系，而职场人士想要在职场上有所作为，这一点更是重要资源。在生活中，正是因为我们和一些关键的人相识，他们在关键时候提点一下我们，从而让我们的人生发生大逆转。比如，在工作中，因为你的老板帮你修正了一个错误，你解决问题的水平随之提升了。

可是一说到人脉关系的管理，很多人就开始头疼，因为他们时常被人脉关系所困扰。其实，真正的人脉关系，不只是彼此相识，还包括把相识的人变成你的朋友，你的军师，以及你人脉网上努力向上的一部分。通过反复优化自己的人脉圈、持续构建自己的社交网络，我们才能得到真正有意义的人脉。

人脉交往中，个体总是在无形中受到人脉关系的影响。

　　假如你周围都是金钱至上的人，那么即便你之前不是这样的人，在时间的推移下，你也会变成张口闭口都是金钱的人；假如你周围都是纨绔子弟，那么相比其他人，你更可能成为这样的人；假如你周围的人都对竞争乐此不疲，那么你极易成为他们中的一员；假如你周围的人觉得欺负弱小并不可耻，那么你也会受到这种观念的影响。

　　假如你周围都是这样的人，你肯定不愿意继续和他们在一起。

　　既然是这样的话，我们就要学会对自己的人脉进行优化。首先我们要做的，就是学会时刻对自己的人脉进行检查。

　　那么，具体如何做呢？我们可以采取向自己提问的方式进行：我大部分时间都和谁在一起？和谁在一起我能学到更多，对我更有好处？我的人脉网中的这些成员会如何影响我的人生和事业？他们给我提供的信息是正向的吗？我如果继续和他们这样交往下去，时间长了，会获得什么？……

　　时常向自己这样发问，你就会从更理性的角度来认识你这些朋友，这样你才能更合理地分配自己的时间，明白要多花些时间和哪些朋友在一起，哪些朋友可以从你的人脉网上删除掉。这样一来，就可以免去一些不必要的应酬。离狼远一点，你就少一点嗜血的本能，你的头脑才会再次变得清净。

只有拥有一颗理性的头脑，才能来好好经营一个优良的人脉网络。

在美国，有这样一种观念非常深入人心：相比你知道什么，你认识谁更重要，这个观念就注重于优化和构建人脉。在实际生活中，对于优化和构建人脉，人们的理解是有偏差的，不是没有意愿去优化和构建，就是不敢或者不会优化和构建。

事实上，人脉的优化和构建并不像我们想象中的那么难。它不是在大马路上随意和人打招呼，去认识路人，来让自己的人脉圈变大，也不是让你专门去认识领导，来为自己谋利。真正的人脉优化和构建，是一种生活技能。

首先，我们要有一颗旺盛的好奇心。

人际关系大师戴尔·卡耐基博士说："每个人内心深处都想要得到别人的认可，想感觉到自己的重要性。""当你想要和某个人聊天，那么就他感兴趣的话题和他聊，把目光聚焦在对他这个人的了解上，那么顺利地聊下去就不是问题。

我们应该时常做到对世界、对他人感兴趣，想通过人与人之间的沟通，见到更广阔的天地，通过深层次了解一个人，而认识到他们的本真。而人脉优化和构建的重点就在于对他人感兴趣，想要对他这个人有所了解。

其次，人脉构建的敲门砖就是人际沟通中的真诚和温暖。

真诚待人是与人交往的基础所在，"真实"即把真实的自己呈现在他人眼前，没有人是完美的，每个人都有自己的长处和短处。假如你可以"真实"地表达自己，你的光和温度就会吸引对方。

费尽心思地包装自己，不真实地表现自己，还不如真实地表达自己，让别人对你这个人有所了解，接受真实、不做作的你。

最后，要知道，给他人创造价值是一个好的人脉关系的基础。

哪怕你们是第一次见面，在交谈中，你也可以留神发现对方的需求，及时帮助他人。比如，和你见面的人有一点感冒，你可以帮他买点药，或者分享一个治感冒的偏方给他；比如你看到对方的办公室里有足球，你可以邀请他去看一场重要的足球比赛等。

要知道，在其所喜欢和能力卓越的事情上，人们都是会散发无穷的魅力的。因此在你所擅长的事情上面好好发挥，做你热爱的事业吧。你自身更有实力，就会产生更大的价值。

在平常生活中，这样的经历相信不少人都体验过：在某个聚会场合，当你好不容易挤到大佬身边和他合影，甚至把他的签名照拿到手时，你却不知道自己接下来还能干什么。你们之间不能建立一个有效的联结，你不能把他变成你真正的人脉。

很多人想要结识"贵人"时，通常都会遇到这样的尴尬。原因其实有两个方面，一是你本身从内心深处敬畏"贵人"，不敢随便开口，怕一开口就说错话；二是的确有很多人不知道正确的经验和方法，不知道怎样去构建积极的人脉，更不知道开口说什么。

优质的人脉管理	人脉	劣质人脉的管理
有创意 好奇 有远见 温和 注重战略 优美		实用 高效 注重战术 目光短浅 缺少美感 粗鲁 实干

事实上，在遇到这种情况时，我们只需要把这四点牢记于心就可以了：

首先，要对自己有信心。你要告诉自己，那些所谓的贵人也是人，只是相比我们，他们也许努力的程度更高，所拥有的资源更多，或者所遇到的机会更多，才会成为现在的他。的确，在某个方面，他们的确强过于我们，可是和我们一样，他们也是有不足之处的人。

因此你不要从内心深处觉得自己不如人家，以至于都不敢开口讲话，因为每个人都有自己独特的优势，不要太低估自己。

其次，不打无准备之仗。尽可能去了解对方，包括他在哪里出生、他的职业情况、公司情况等。之所以全方面去打探他的消息，只是为了找到你和对方的契合点，而人与人之间要想产生有效联结，找到契合点是第一步，这样一来，对方就会觉得你是他那个阵营的。

再次，阶梯形社交。先和比你地位高一点的人取得联系，再借由他的关系来和地位比他高一点的人取得联系。当然，这是有一个前提的，那就是比你地位高一点的人是认可你的待人接物的，他也认可你想要获得帮助的愿望，他才会给你做中间人。找到可以和重要人物搭话的人，或者联系人脉达人，让对方觉得你这人可交，你才能因此获得更高层次的人脉。

最后，学会坚持下去。通常情况下，人们眼中的"贵人"往往事务缠身，相比认识普通人，认识他们的难度要大一些，对此，我们不要抱有太高的心理预期。假如和你打过交道的十个贵人中，有一个愿意和你交往，其实你就成功了。

在我们的人际交往中，会出现这样一种现象：当诸多人争先恐后加入一个精英社团以后，就会惹恼社团价值最高的"老资格"。这是为什么呢？因为他会发现此时的社团里什么人都有，很多人和自己不是处于同一水平，于是会主动退出。之后就会有更多有价值的人这样做，这样社团的档次就会直线下降，因此造成恶性循环，更多人选择离开，导致社团最后变成一个平庸的组织。

从表面上来看，这种现象有一定的功利性质，可是细细思考，你就会发现，存在即合理。事实上，人际关系的本质就是一种价值关系，它是以"交换"作为支柱的。当人们之间有着相等的价值，可以相互"利用"时，互相之间才有可能交往下去，要不然双方就是一种没有关系的关系。在比较现实的社会中，假如对于他人，你毫无利用价值，那么通常人们会离你远去。

想要和他人长期保持友好的关系，就要学会提升自己的价值，让他们一直需要你，这才是核心。与其整天在那里埋怨没人想和你打交道，还不如偷偷提高自己的价值，这样，结交人脉也就变成一件顺理成章的事了。

其实我们的人脉是需要定期维护的。假如你一直都不关心你的人脉，那么你的人脉关系就很有可能离你远去，甚至失去原来的味道。可以说，人脉的圈子就是一个大染缸，你可能被它染成红色，也可能被它染成绿色，它可以是一个催人向上的环境，也可能是一个让你堕落的环境。建立一个良好的人脉网，并定期维护和优化，成长于这样一个人脉关系网络中，你才会健康成长，而假如你的人脉关系网络遭到了污染，也许毁掉的将是你的一生。

预判结果，多听，多看，多想

　　《天生变态狂》这本书中有这样一段话："这些东西我压根就不信，可是在他们眼里，我是可以窥探他人想法的人，还是一个预言家。这只不过是因为我发现了一些细微的不易被人发现的印迹，却把他们吓得面如土色。大学里也不乏有人说我有能力看透别人，有些人感到畏惧，尽管他们知道我不可能对他们造成什么威胁，可是哪怕是这样，他们依然对我没有好感。"

　　事实上，这种看起来特别悬乎还可以对未来加以预测的能力，就是心理学上的预判能力。这种能力非常宝贵，而且极其重要。假如一个人可以对结果加以预判，那么他就有能力掌控甚至改变事情发展的走向，而一个人靠不靠谱，这就是其中一个标准。

　　那么，预判能力是指什么呢？就举我们大家平常所司空见惯的例子来说吧，当我们和他人交谈时，这样的体验相信大家都不陌生：你讲一件事，刚讲到一半，就有人说"这个我知道"，之后说了一大通自己的观点，可是你发现这完全不是你想要表达的内容。

这就是理解的不同。可以这么说，这种不同在我们每一天的人际交往中都屡见不鲜。我们总是在信息的掌握度还很欠缺的情况下，就肆意揣测他人的话，觉得对方想要表达的就是某种意思。这种预判失误极易造成人际关系的不和谐，即误会。

再来举个例子，当你夜半时分，一个人在漆黑的马路上走的时候，忽然冲出来一个劫匪。这时你会如何选择？如果是一个胆小的人，肯定会忙不迭地交出钱包，而胆大的人则会逃跑或者和劫匪较量一番。

我们来仔细分析一下这个问题，假如劫匪是一个枯瘦的老头，而且手上也没有武器，那么如果这时采取胆大行为就更好；相反，如果对方是一个健壮的大汉，而且手上还拿着一把手枪或是一把西瓜刀，那么大部分人应该会采取胆小行为。这个选择的过程就是预判。

当然，人的预判能力是与生俱来的，有人能力强，有人能力弱。预判力可以说一种获利的方式，也可以说是一种止损的方式。可是，在对事物进行预判时，我们可能会判断失误，要么过度，要么不足。

不知道大家有没有听过这样一个笑话：一个女孩一早见到自己的男友一脸郁闷，还以为自己做错了什么事情，就不停地揣测，可是无论她怎么试探，男友都是一副魂不守舍的样子，回答她时也是完全没有平常的热情劲儿，于是她觉得问题更严重了。到了晚上，女孩已经非常笃定，男友已经不爱自己了。那么，她男友到底在想什么呢？

事实上，她男友只是在心里想："意大利队竟然输了！"原来啊，这个男孩前一天晚上看了场足球比赛，他喜欢的球队输了那场比赛，这就是他郁闷的原因所在。由此可以看出，一个人由于动机预测错误，会闹出多大的笑话。

鬼谷子曰："事之危也，圣人知之，独保其身。因化说事，通达计谋，以识细微，经起秋毫之末，挥之于太山之本。"

这段话的意思是说，只有圣人才知道事物的发展形势不好，而且它有什么作用也只有圣人才知道，可以根据事物的发展变化来说明事理，知悉不同谋略，以便对对手的一言一行加以观察。各种事物起初都很细微，只要开始发展就会势如破竹，非常庞大。

　　只有在平常生活中多听、多看、多想，才能知道预判结果，简单来说，就是让我们提前做好准备。

　　不管在做什么事情以前，人们其实都应该提前有所谋划，提前做好防范。只有准备充分了，才能在挑战来临时有更大把握。这样，即便事情发生什么不对劲的地方，我们也不会手足无措，而且还可以淡定地顺应形势的改变。

　　平时准备不到位，指望临时抱佛脚是根本不可行的。在生活中，很多人都抱怨自己总是遇不到好机会，可是真正当机会来临时，他们却因为准备不充分而不能把握住机会，最后只能捶胸顿足。因此，在做事情以前，只有学会提前做好准备，才能做好掌舵者。

　　那么，我们应该怎样在平常生活中培养自己的预判能力呢？

　　第一，我们要学会让自己的元认知能力增强。元认知能力就是对自己思考过程的认知和理解，简单来说就是对认知的认知。越是具有元认知能力的人，越会让自己的思想和客观事实愈接近，让自己的思路更加丰盈、饱满。

　　换位思考——即"共情力"是提高元认知能力的有效途径，即站在他人的立场考虑问题，站在整体的高度考虑问题。

预期和获取
激活原有知识
筛选信息
整合信息

知识重组
刻意练习

1. 知识获取　2. 知识转化

元认知

4. 评估创新　3. 迁移应用

品估价值

提取陈述性知识
实践程度性知识
应用策略性知识

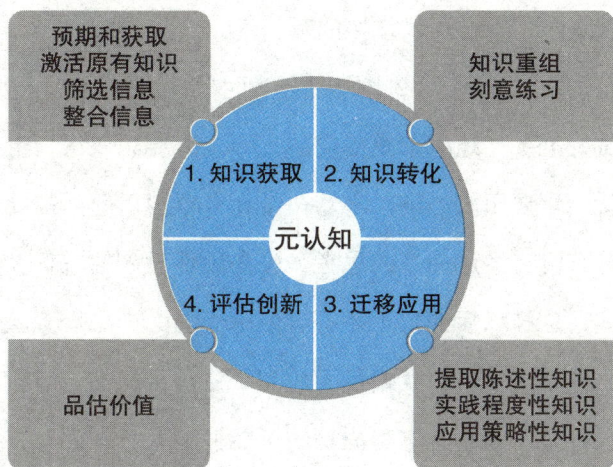

第二，我们要学会对事物、环境的发展形势予以关注。很多人难以预判未来，就是因为他们在判断未来时是以过去的经验为基础的。

这听上去好像没什么问题，可是如今我们正处在快速发展的年代，如果只是以过去的经验为基础，而对当前事物的发展变化毫不关心，那么要想做出准确的预判是不可能的。

第三，我们要具有整体意识，对事物发展的多种可能性表示认可。在心理学上，有一种人格叫"自嗨型"，这种人时常封闭自己。他们只有一种朋友，他们认为只有一条路径可以抵达目的地、故事只有一个结局。不管是开心，还是难过，他们都沉浸在"自嗨"状态中，于是你就不难发现，这种人做事时常不在可以掌控的范围内。

在平常生活中，我们要想把一件事情做好，多看、多想，提前做好准备，这些都是必需的。一个人要想取得一定的成就，就一定要胆大心细，不管在做什么事情以前，都要告诉自己，有没有经过谨慎的思考。先在硬件设施的完备上多花些时间，这样以后的日子才不会忙碌不堪。试想一下，假如在做一件事情以前，我们已经想到了各种可能性，当我们真正去践行时，是不是取得成功的可能性会大一些呢？答案当然是肯定的，所谓"谋定而后动"，就是成功的秘诀所在。

打开心智，独立思考

　　曾经有这么一个事件在网络上炒得沸沸扬扬：一位女游客和家人一起去八达岭野生动物园游玩，半道上她擅自下车，导致一家人遭到老虎的撕咬，最终造成一死一伤的惨剧，据说这名女游客只是因为和老公吵架，才气愤地下车。

　　这件事经过持续不断地发酵，引发了广泛的热议，有人说结婚时千万不要选择情绪不稳定的人，有人说规则就是规则，容不得人践踏，有人说园区管理不到位……如此种种，还有对女游客的人身攻击，说她是第三者，说她是医闹，可是后来女游客采访时说自己之所以下车，跟吵架一点关系都没有，只是以为自己已经出了猛兽区。

　　生活中，这样的热点事件层出不穷，从一开始的广受热议，再到网友们的各种分析，再到热点事件的平息……基本上没有哪次热点事件能免俗。一旦有博人眼球的事件曝光，马上就会出现各种各样的"观点"，大众的情绪也因此被激发出来，要么一腔怒火，要么悲痛万分，要么扼腕感叹。

可是，有人真的关心过这种种事件背后的真相吗？老虎咬死人事件出炉以后，网友们真是脑洞大开，什么样的观点都有——"据说她是第三者，这是她的报应。""动物园哪错了？这都是那个女人的错！""脾气不稳定的人最好有多远走多远。""我前女友的情绪也非常不稳定，幸亏我和她分得早。"

而这个女游客下车的原因到底是什么？她究竟是不是第三者？她有没有去医闹？动物园的风险管理到底有没有问题……这种种，我们根本就不关心，也没想过去打破砂锅问到底。大家所关心的，从来就只是观点，而不是真相。因此你不难发现，只要一发生什么热点事件，各大自媒体快速跟踪报道。他们所选取的角度也是五花八门，可是有一个相同点，那就是找准读者们的情感诉求，用语言煽动大众，以获取文章的曝光量，文章中既没有事实真相，也没有有理有据的分析。

因为读者既然在乎的只是观点，那么渲染气氛就好了，何必在文章的严谨性、故事的真实性上面下功夫？

当然，这其中也有倡导"我们要独立思考"的清醒人士，可是一部分人也只是因为别人的观点和自己的不相同，就觉得独立思考是对自己观点进行捍卫，而对对方的观点加以贬低的一种方式。

那么，独立思考究竟是指什么？事实上，它的根本在于用科学的方式对问题加以思考，也就是秉持着怀疑的精神、批判的精神、探究的精神，去探讨问题。

在《叔本华思想随笔》里，作者这样说："从本根上来说，只有独立思考才是一个人真正的灵魂。看一个人是什么样的人，我们通过他的眼神就能看出，善于独立思考的人，他们的眼神充满从容和淡定。"叔本华是这样解释这段话的："他人的想法就如同餐桌上的残羹冷炙，如同陌生人落下的衣衫。唯有自主的思考，才具有真理和生命。"

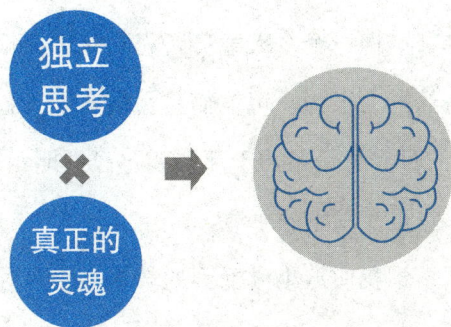

事实上，人生来孤独。灵魂与灵魂之间互不相通，每个

人都是一个独立的个体，根本不可能达到百分之百的沟通。一个人对这种孤独感的体验有多深，就代表他的思想有多深。从根本上来说，宗教是为了让人类孤独的灵魂有栖息的场所。当然，孤独者也许不信奉宗教，可是却一定具有像宗教一样找寻自己精神家园的超拔精神。每个人都是独立的个体，千万不要全权仰仗他人。更恶劣的是，当这种仰仗开始困扰其他人时，你却还处在不自知的状态，这时，你就不再是一个可怜的孤独者，而变成了一个遭到他人取笑的人了。

从根本上来说，孤独是一种最可贵的自由，因为和孤独相拥的人，才能和真正的自我相拥。在许多人眼里，独立思考的意思就是我不同于你们，我就是最了不起的，最狂放不羁的，你们说什么我都不信。这就偏离了独立思考的根本，而变成了一意孤行。

现代社会有这样一个令人匪夷所思的状态：很多人觉得自己独立思考的能力很强，可他们其实根本不具备独立思考的能力。我们的目光总是聚焦于那些和自己预期相符的事情，而完全漠视那些正在发生的事情。

其实这关系到我们从小所受到的教育，因为独立思考这件事和教育也是息息相关的。

可是，当我们长大成人以后，就会发现世界的运转和我们的想象完全不同。于是，很多人都会感到疑惑：我们从小所接受的教育是不是有问题？成长在这个教育体制下的我们，这种成长过程是必需的：刺激——怀疑——解构——重建。

刺激	·外界的刺激摧毁我们的固有观念
怀疑	·怀疑自己过往坚持了多年的信念
解构	·过去的思维方式和观念终于被打破
重建	·吸收新的信息，见识更大的世界，重建思维和观念

可是，只有极少数人可以进入这一过程，重建思维和观念。大部分人要么深陷在过去的理念中，持续自欺欺人，要么成为愤青，否定所有事物。

既然独立思考这么艰难，我们为什么还要自讨苦吃呢？原因很简单，那就是世界远比我们想象的复杂得多，而且还在往愈加复杂的方向发展。

如今我们所遇到的所有社会问题，都几乎找不到一个一致的答案。基于这种情况，如果我们不会独立思考，偏听偏信，那么终其一生，我们的价值观都会处在不停被颠覆的状态。

这样的颠覆会让原本就焦躁不安的我们变得更加小心翼翼。

真正拥有独立思考精神的人，是精神上的国王。一间图书馆即便面积再大，藏书再多，假如一点章法都没有，其真正的用途反倒比那些规模不大，却秩序井然的图书馆还小一些。一样的道理，假如一个人拥有的知识是海量的，可是却没有经过独立思考而全盘接收，那么这些知识的价值远远比不上那些量少而经过认真思考的知识。

一个人要想把有限的知识真正内化为自己的，并加以运用，就必须把他的知识和各方面结合在一起探究，并比对每一真知。一个人只有经过认真思考，才能学习新东西，因为要想让知识成为自己的真知，就必须经过深思熟虑。

每个拥有独立思考能力的人，都是自己精神上的主宰者。而那些随波逐流的普通大众，追逐不同的流行观点、权威说法的人，会让自己的思维受限，极易成为乌合之众。